日式传统料理

[日] 久保香菜子 著

何凝一 译

河北科学技术出版社

目录
CONTENTS

传统的制作方法
经典菜肴

饭

美味停不下来
全新经典菜式

本书的使用方法

<关于材料表>

· 材料表括号内的人数，表示做好之后大概适合多少人食用。分量太少不便于操作的料理，分量都用（适量）表示。

· 关于计量单位：1小匙=5mL、1大匙=15mL、1杯=100mL、1合=180mL。

· "适量"的意思是按照个人的情况酌情加减，分量恰到好处。"适宜"的意思是即便自己不喜欢，但适合大众口味也可以。

· 没有特别说明的情况下，"酱油"是指浓口酱油，"砂糖"是指上白糖，"酒"是指日本清酒，"味醂"指本味醂、"小麦粉"是低筋面粉。使用"味噌"时，可选用适合自己口味的味噌。

· "海带高汤"是海带与干鲣鱼屑熬制的汤汁。制作方法参照P.6。

· "橄榄油"是初榨橄榄油，"胡椒"是黑胡椒，"白汤"是指无盐的罐头成品。

· 蔬菜类食材若无特殊标记，都是选用中等大小。

<关于制作方法>

· 蔬菜类食材若无特殊说明，默认是已经完成了清洗、去皮的工序。

· 关于火候的调节，若无特殊说明，均是用中火。

· 烹制的时间请参考标准时间。

· 默认使用输出功率600W的微波炉。如果使用500W的微波炉，加热时间请调至1.2倍。

· 使用的锅、炉灶、烧烤架具不同，火候的控制和加热时间也应依当时的状态进行调节。

· 成品图片是摆盘的示例。

昆布高汤的制作方法

"昆布高汤"常用于炖菜、烩菜等多种料理中。
一起来用昆布和干鲣鱼屑制作高汤吧！

※昆布：严格来讲，昆布是海带的别称，但又不完全等同于海带，其实日本食用的"昆
　　　布"与中国常见的"海带"在生物种属上不同。为保持本书《日式传统料理》
　　　的"传统"意义，本书所出现的"昆布"即"日本昆布"，而不是"海带"，
　　　但在制作料理时可用海带替代"日本昆布"。

材料（分量约为1L）

昆布……………………… 15g
干鲣鱼屑………………… 25g

❶ 煮昆布汤

将昆布与1L水倒入锅中，先浸泡3小
时。然后开火加热，注意不要煮沸。
30分钟后取出昆布。

*昆布泡开后，在60℃左右的水温下煮30分
钟，以便熬出更多的汤汁。由于煮沸后昆
布会有涩味和黏液，所以注意不要煮沸。
*如果昆布未事先浸泡，将昆布放入水中后
就用小火加热，这样可能会延长用热水煮
的时间。

❷ 过滤出第一道汤汁

步骤❶完成后，在锅中加入1/2杯水。
在水开之前调至小火，放入干鲣鱼屑，
然后开到大火，锅周沸腾后关火。放
置一会儿，直到表面的干鲣鱼屑稍微往
下沉一些。在滤网上铺一层加厚的厨房
用纸，过滤出第一道汤汁。

*茶碗蒸、芜菁蒸的馅料和蛋花汤等都是使
用第一道汤汁。

❸ 过滤出第二道汤汁

将步骤❶的昆布和步骤❷的干鲣鱼屑
（煮过的渣屑）倒回锅中，加水至干
鲣鱼屑呈漂浮的状态后，用中火煮30
分钟。水分收到一半后，在滤网上铺
一层加厚的厨房用纸，过滤并挤干汤
汁，此即为第二道汤汁。

❹ 混合

步骤❸的第二道汤汁加入步骤2的第
一道汤汁之后便是本书中所用的"昆
布高汤"。

*暂时用不到时可以先放到冰箱里，待第二
天使用。若是需要保存2~3日，可在高汤中
加入少许清酒，再放入冰箱中。

私房美味

根据个人口味制作

入口即化的
土豆炖牛肉

充分炖煮后，
汤汁完全融入食材中的珍味

口感绵密的 土豆炖牛肉

土豆无需煮化，
看上去就十分诱人的美味

入口即化的土豆炖牛肉

材料（3~4人份）

土豆（男爵）…………	3个（450g）
切好的牛肉………………	140g
胡萝卜……………………	1/2根
洋葱………………………	2/3个
魔芋丝……………	1/2袋（150g）
荷兰豆……………………	4~5个
色拉油……………………	1/2大匙
昆布高汤…………………	2~2½杯
清酒………………………	2大匙
味醂………………………	5大匙
酱油……………………	1½~2大匙
盐………………………	适量

● 准备材料

1 土豆去皮后切成适口的大小，胡萝卜切成不规则的形状，比土豆稍微小一些。将洋葱4等分并切成弧形，魔芋丝无需过水，切成适口的长度。

2 荷兰豆去筋后用盐水焯一下，滤干水后切成细丝。

● 烹煮

3 色拉油倒入锅中，加热后倒入土豆和胡萝卜进行翻炒。土豆周围变透明后，再放入牛肉较肥的部分和洋葱一起翻炒。

4 然后将魔芋丝加入步骤3中，再倒入昆布高汤，盖上小木盖并调至中火。煮沸后撇去浮沫，再调至小火煮10分钟。

制作"入口即化的土豆炖牛肉"时，建议选用"男爵"（右）和"黄金男爵"，这两个品种富含淀粉，口感绵密。而制作另一款"口感绵密的土豆炖牛肉"时，则建议选用口感较脆的"印加的觉醒"（左）和"五月皇后"。

口感绵密的土豆炖牛肉

材料（3~4人份）

土豆（印加的觉醒）…	6小个（450g）
切好的牛肉………………	140g
胡萝卜……………………	1/2根
洋葱………………………	2/3个
魔芋丝……………	1/2袋（150g）
荷兰豆……………………	4~5个
色拉油……………………	1/2大匙
昆布高汤…………………	2~2½杯
清酒………………………	2大匙
味醂………………………	4大匙
酱油……………………	1½大匙
盐………………………	适量

● 准备材料

1 土豆去皮后切成适口的大小，胡萝卜切成不规则的形状，比土豆稍微小一些。将洋葱4等分并切成弧形，魔芋丝无需过水，切成适口的长度。

2 荷兰豆去筋后用盐水焯一下，滤干水后切成细丝。

● 烹煮

3 色拉油倒入锅中，加热后倒入土豆和胡萝卜翻炒。土豆周围变透明后，再放入牛肉较肥的部分和洋葱一起翻炒。

4 然后将魔芋丝加入步骤3中，再倒入昆布高汤，盖上小木盖并调至中火。煮沸后撇去浮沫，再调至小火煮10分钟。

5 土豆煮透后，先加入清酒和味醂煮5分钟，然后加入酱油再煮5分钟。

6 放入剩余的牛肉（瘦肉部分），将其浸入汤汁中煮1分钟。

7 牛肉熟透后，来回转动一下锅，防止汤汁烟底。再煮10分钟，关火冷却。

● 完成

8 重新加热步骤7，将菜盛到容器中，再倒入汤汁。最后放上荷兰豆。

加入昆布高汤后就不要再搅动

男爵之类的口感绵密的土豆，一旦搅动后便会变成浓汤状，因此炖煮时尽量保持静止，不要搅动。如果烟底，可以转动一下锅。

稍微冷却更入味

汤汁不要煮干，冷却后会更入味，口感也相当顺滑。自然煮透的土豆中浸入了丰富的汤汁，十分美味。

最后加入牛肉

牛肉不能过度加热。先翻炒脂肪较多的部分，等蔬菜熟透之后再加入瘦肉。

5 土豆煮透后，先加入清酒和味醂煮5分钟，然后加入酱油再煮5分钟。

6 放入剩余的牛肉（瘦肉部分），将其浸入汤汁中并煮1分钟。

7 牛肉熟透后，盖上小木盖，再调大火力收汁。当锅底剩下少许汤汁时，可用木铲搅动，以免烟底。

● 完成

8 盛到容器中，再倒入汤汁。最后放上荷兰豆。

一边浇汤汁，一边煮

"印加的觉醒"是口感较脆的土豆，不易入味，所以需要一边浇汤汁，一边慢慢煮透。

用木铲翻搅，食材更入味

经过大火收汁后，味道会更浓郁。收汁时注意使菜中的水分恰到好处，食材的口感才会松软。翻搅时过于用力会搅碎食材，所以只需从锅底轻轻翻动即可。

松软汤汁蛋卷

最好趁热食用

筋道汤汁蛋卷

松软汤汁蛋卷

材料（2人份）

鸡蛋·······················3个
昆布高汤·········· 不到1/3杯（65mL）
淡口酱油·····················1小匙
色拉油······················ 适量
萝卜泥、酱油·················· 各适量

● 制作蛋液

1 鸡蛋打入碗中并搅成蛋液，然后加入昆布高汤和淡口酱油并混合均匀。

● 煎蛋

2 煎蛋锅充分加热后，在锅底涂满色拉油，先从一端注入薄薄的一层蛋液，然后覆盖到整个锅底。

3 在蛋液表面半熟时，从外侧向内侧卷起（靠近身体的一侧为内侧）。

4 鸡蛋卷到内侧后，在外侧涂上油，然后将蛋卷滑向外侧，再在内侧涂上油。

5 再次倒入一层薄薄的蛋液，使其覆盖到步骤4已卷好的蛋卷下方的锅底。

6 在蛋液表面半熟时，举起锅的外侧，用筷子夹起步骤4已卷好的蛋卷，向内侧再卷上一层新的蛋卷。

7 重复步骤4~6，直至用完所有的蛋液。然后用竹帘调整形状。

● 完成

8 趁热将蛋卷切成适口的大小，再放到盘子里。最后放上萝卜泥，浇上酱油。

鸡蛋不宜搅拌过度

搅匀蛋液需要很长时间，但不必搅拌至细腻顺滑，否则卷的时候会影响外观。

充分加热煎蛋锅

用筷子尖蘸取一点蛋液涂在锅底，如果能马上凝固即可。

筋道汤汁蛋卷

材料（2人份）

鸡蛋·······················3个
昆布高汤·········· 不到1/3杯（65mL）
淡口酱油·····················1小匙
色拉油······················ 适量

● 制作蛋液

1 鸡蛋打入碗中并搅成蛋液，然后加入昆布高汤和淡口酱油并混合均匀。

● 煎蛋

2 煎蛋锅充分加热后，在锅底涂满色拉油，先从一端注入薄薄的一层蛋液，然后覆盖到整个锅底。

3 在蛋液表面半熟时，从内侧向外侧卷起（靠近身体的一侧为内侧）。

4 鸡蛋卷到外侧后，在内侧涂上油，然后将蛋卷滑向内侧，再在外侧涂上油。

5 再次倒入一层薄薄的蛋液，使其覆盖到步骤4已卷好的蛋卷下方的锅底。

6 在蛋液表面半熟时，举起锅的内侧，用筷子夹起步骤4已卷好的蛋卷，向外侧再卷上一层新的蛋卷。

7 重复步骤4~6，直至用完所有的蛋液。

8 然后用竹帘调整步骤7的形状。竹帘的两端用橡皮筋固定，立起来放置一会儿。

● 完成

9 待多余的汤汁流出来后，将蛋卷冷却至肌肤的温度。最后再切成适口的大小。

举起锅的外侧，从外侧
开始卷

举起锅的外侧，顺势下向往
内侧卷起，这样制作出的蛋
卷口感松软。

用竹帘包好，调整形状

如果卷太紧，会失去松软的口
感，所以只需用竹帘调整形状
即可。

举起锅的内侧，从内
侧开始卷

从内侧开始卷，可以用筷子
拉动蛋皮，这样蛋卷会比较
紧。握住锅柄的上端，抬高
锅，并像画半圆一样晃动
锅。将筷子的左侧稍微留长
一些，斜着插入蛋卷中。先
往内侧稍微拉一下蛋卷，
然后再向外侧卷。

用竹帘包紧

竹帘的两端用橡皮筋扎紧，再立
起来放好，直至蛋卷滤干汤汁。

香脆炸鸡

放凉后也同样可口的龙田风味小吃

脆皮炸鸡

香脆炸鸡

材料（2人份）

鸡腿······················ 1个（250g）
预先腌制用的调味料

| 清酒、酱油 ······各1大匙 |
| 味醂 ·······················2大匙 |
| 姜末 ·························少许 |
| 大蒜 ·························少许 |

小麦粉、马铃薯淀粉············各2大匙
油·····························适量
柠檬（切成月牙形）、荷兰芹··· 各适量

● 预先腌制调味

1 把鸡腿多余的肥肉切掉，其余部分切成适口大小。
2 将腌制用的调味料倒入碗中，然后放入鸡肉，混合均匀后腌渍20分钟。

● 油炸

3 小麦粉与马铃薯淀粉混合。
4 步骤2倒入滤网中，滤干水后，撒上一层薄薄的步骤3。
5 炸鸡用的油加热至170℃，放入步骤4，时而翻动一下鸡块。表面变脆之后取出并滤干油。

● 完成

6 盛到盘子中，放上柠檬与荷兰芹。

脆皮炸鸡

材料（2人份）

连骨鸡腿肉（切成大块）············ 350g
预先腌制用的调味料

| 清酒、酱油 ······各1大匙 |
| 砂糖 ·······················1小匙 |
| 蒜末 ·····················1/2瓣份 |
| 姜末 ·······················1片份 |

外皮

| 蛋液 ·····················1/2个份 |
| 马铃薯淀粉 ···············3大匙 |
| 芝麻油 ·····················1小匙 |

油·····························适量
生菜（切细）·················2片份

● 预先腌制调味

1 将腌制用的调味料倒入碗中，然后放入鸡肉，混合均匀后腌渍20分钟。

● 油炸

2 蛋液倒入另一个碗中，步骤1滤干水后倒入其中，再混合均匀。
3 依次将马铃薯淀粉、芝麻油加入步骤2中并混合均匀。
4 将油预热至150~160℃，然后倒入步骤3。鸡块外皮变硬后，给鸡块翻面。然后时而翻一下鸡块，慢慢炸5分钟。
5 取出鸡块放置5分钟，用余热使鸡肉熟透。
6 等油的温度上升至175~180℃后，再倒入步骤5，将鸡块炸至表面酥脆，然后滤干油。

● 完成

7 将生菜铺在盘子里，盛入步骤6。

滤干腌渍出的汤汁

如果留有汤汁，裹粉时会不
均匀，而且容易裹厚，所
以，需要滤干汤汁。

**小麦粉和马铃薯淀粉混合后，再将
混合的粉末均匀地在鸡块上裹上薄
薄的一层**

小麦粉与马铃薯淀粉混合后，在鸡块的外面
裹上薄薄的一层。如果裹的粉末太厚，可以
将多余的部分抖落，这一步是制作出美味炸
鸡的关键。

用中温的油炸脆

170℃左右的油温最适合，当锅里发出
"嗞嗞"的声音且鸡块表面酥脆时即可捞
起来。

温度的判断标准

制作"香脆炸鸡"时，可以先撒入一点小麦粉试试油
温。如果小麦粉不会散开，而且不断冒泡，说明温度
差不多就是170℃的"中温"；假如小麦粉一下子散
开，就说明温度过高。

制作"脆皮炸鸡"时，可以先用豆粒大小的外皮试试
油温。如果外皮沉到锅底，不会浮上来，说明温度
是150~160℃的"低温"；如果能慢慢浮上来，即是
170~175℃的"中温"；如果外皮沉到中央之后又迅
速浮上来，说明温度为175~180℃的"偏高温"；假
如外皮表面散开，即为200℃的"高温"。

**制作外皮时，依次加入鸡蛋、马铃薯淀粉、
芝麻油，同时要将鸡块与外皮的材料揉匀。**

每块鸡肉都要充分且均匀地裹上外皮粉，使外皮粉与鸡
肉完全融合在一起。最后加入的芝麻油能让外皮更加
香脆。

用低温与偏高温的油炸两次

由于鸡块的外皮较厚，而且肉中带骨，所
以炸一次很难炸透。用150~160℃的油炸
透后取出，然后再用175~180℃的油炸一
次，这样可以使外皮的口感更酥脆。

传统古早味蛋包饭

做成精致树叶形的美味

松软蛋包饭

半熟鸡蛋演绎的时尚口感

传统古早味蛋包饭

材料（2人份）

鸡蛋……………………………………6个
鸡肉饭（参照下面的做法）………2人份
橄榄油……………………………5小匙
黄油…………………………………10g
番茄酱……………………………… 适量
盐、胡椒…………………………各少许
荷兰芹……………………………… 适量

● 制作鸡肉饭

1 做好鸡肉饭，再分成两份，先保温备用（用铝箔纸等盖好即可）。

● 制作1人份

2 在碗中打入3个鸡蛋，加入盐、胡椒并搅拌均匀。

3 准备好一口小平底锅（直径20~22cm），加入一半的橄榄油和一半的黄油。给油加温，待黄油泡变小后，将步骤2一口气倒入锅中，用中火加热，并迅速将蛋液在锅中铺匀。

4 鸡蛋变成半熟之后，将一半鸡肉饭倒入中央，关火后用蛋皮包住。

5 将步骤4移到盘子里，调整形状，最后挤上番茄酱。再用同样的方法制作另一份。

鸡肉饭的制作方法

材料（2人份）

温热的米饭…………………… 200g
鸡腿肉……………………1/2块（125g）
洋葱……………………………… 1/4个
大蒜……………………………… 1/2瓣
蘑菇……………………………… 1/4袋
盐………………………………… 1/2小匙
番茄酱……………………………2大匙
胡椒……………………………… 适量
橄榄油……………………………1小匙

1 鸡肉切成1cm的块状，洋葱、大蒜切碎，蘑菇切开。

2 将橄榄油倒入平底锅中，加热后放入洋葱翻炒，再倒入大蒜，用小火翻炒。

3 翻炒出香味后，加入鸡肉。再调至中火翻炒，待鸡肉变白后，倒入蘑菇。鸡肉熟透后加入盐、番茄酱、胡椒，并继续炒至汤汁变干。

4 将米饭加入步骤3中，翻炒均匀后再加入番茄酱着色，炒至饭粒散开即可。

松软蛋包饭

材料（2人份）

鸡蛋……………………………………4个
鸡肉饭（参照上述的做法）………2人份
橄榄油……………………………2小匙
黄油…………………………………20g
酱汁
　红酒　………………………… 1/2杯
　番茄酱　……………………… 1⅓大匙
　黄芥末　……………………… 1大匙
　伍斯特酱油　………………… 1/2大匙
盐、胡椒…………………………各适量
荷兰芹……………………………… 适量

● 制作鸡肉饭

1 做好鸡肉饭，再分成两份，先保温备用（用铝箔纸等盖好即可）。

● 制作酱汁

2 红酒倒入小锅中，用高火煮沸，水分蒸发至一半后加入剩下的酱汁材料，然后调至小火，再加少许的盐和胡椒调味。

● 制作1人份

3 在碗中打入2个鸡蛋，加入少许盐、胡椒并搅拌均匀。

4 准备好一口小平底锅（直径16~18cm），加入一半的橄榄油和一半的黄油。给油加温，待黄油泡变小后，将步骤3一口气倒入锅中，用中火加热，并迅速将蛋液在锅底铺匀。

5 鸡蛋变成半熟之后，将其浇到一半的步骤1上。再用同样的方法制作另一份。然后浇上步骤2一半的酱汁，最后放上荷兰芹。

将鸡肉饭倒入半熟的蛋皮中央

将鸡肉饭稍稍铺开，呈椭圆状。趁鸡蛋半熟时倒入鸡肉饭，这样鸡肉饭可以与鸡蛋融合在一起，味道更佳，而且更容易卷成想要的形状。

利用平底锅的边缘迅速包好鸡肉饭

关火后，将鸡肉饭和蛋皮滑到另一侧，先将内侧（靠近身体的一侧为内侧）的蛋皮折叠，盖住米饭（左图）。然后抬起平底锅的外侧，使鸡肉饭和蛋皮滑到内侧的边缘，将另一侧向上翘着和蛋皮整齐地折好，盖住鸡肉饭（右图）。

将蛋包饭反扣到盘子里

将蛋包饭移到锅边，单手握住平底锅的锅边，再用盘子抵住平底锅的边缘，然后将平底锅反扣到盘子上。

将蛋液均匀地铺开，制作口感松软的半熟鸡蛋

制作口感松软的半熟鸡蛋的秘诀在于：迅速地转动平底锅，并且用筷子快速混匀蛋液。此外，使用大量的黄油也是关键。

将鸡蛋滑落到盘子里，盖住鸡肉饭

待鸡蛋底面凝固、表面呈糊状后，将鸡蛋滑落到鸡肉饭上。

轻食白芝麻
豆腐沙拉

简单快手，清新爽口

口感醇厚，回味无穷

传统风味的
白芝麻豆腐沙拉

轻食白芝麻豆腐沙拉

材料（2人份）

白芝麻豆腐沙拉酱

| 日式油豆腐 ………… 1小块（75g）
| 白芝麻酱 ………………… 1大匙
| 清酒 ……………………… 1大匙
| 味醂 ……………………… 1小匙
| 盐 ………………………… 1小撮
| 淡口酱油 ……………… 1/4小匙
水菜……………………… 2/5把（80g）

● 制作白芝麻豆腐沙拉酱

1 日式油豆腐放入碗中，倒入大量的热水。滤干水后用加厚的厨房用纸吸去油分。

2 将步骤1的四周切掉，用手捏碎后放入碗中。加入白芝麻酱后用打蛋器搅拌均匀。

3 清酒和味醂倒入耐热的容器中，无需覆盖保鲜膜，用微波炉加热40秒，使酒精挥发。然后将其加入步骤2中并搅拌均匀，再与盐、淡口酱油混合均匀。

● 准备材料

4 将步骤2油豆腐的外皮切成细丝。水菜切成3cm的长段。

● 完成

5 豆腐丝与水菜混合，再与步骤3拌匀。

甘煮香菇的制作方法

材料（适量）

干香菇……………………………4小朵
清酒………………………………2大匙
砂糖………………………………1小匙
味醂………………………………1大匙
酱油………………………………1大匙

1 干香菇放入密封袋中，再在袋中注入水。尽量抽出空气，密封好后在冰箱中放置一晚。

2 将步骤1连同浸泡的水一起倒入小锅中，再加入足量的水，使水没过香菇。盖上锅盖，用中火加热。撇去浮沫后煮20分钟，加入清酒、砂糖，再煮10分钟，接着再加入味醂，煮5分钟。

3 加入酱油，再煮40分钟，直至汤汁差不多煮干。

* 剩下的甘煮香菇非常适合做寿司。

传统风味的白芝麻豆腐沙拉

材料（2人份）

白芝麻豆腐沙拉酱

| 绢豆腐 ………………1/2块（150g）
| 白芝麻酱 ……………………1/2大匙
| 清酒、味醂 ……………… 各1小匙
| 盐 ………………………… 1小撮
| 淡口酱油 ……………… 1/4小匙
甘煮香菇（参照上面的做法）……2朵
黄瓜………………………………1根
盐…………………………………适量

● 制作白芝麻豆腐沙拉酱

1 用加厚的厨房用纸包住豆腐，稍微倾斜砧板，放上豆腐，再用重物（2个玻璃碗）压紧。静置两小时左右，充分滤干水。

2 倘若滤干水的豆腐能被一下子掰开，即可进行下一步骤。

3 把滤干水的豆腐移到蒜臼中，将豆腐捣细腻。加入白芝麻酱，继续混合至顺滑状态。

4 将清酒和味醂倒入耐热的容器中，无需覆盖保鲜膜，用微波炉加热20秒，使酒精挥发。然后将其加入步骤3中并搅拌均匀，再与盐、淡口酱油混合均匀。

5 用细密的滤网过滤步骤4。

● 准备材料

6 黄瓜纵向切半，再斜着切成薄片，然后浸入2%的盐水中（1杯水+2/3小匙盐）。黄瓜变软之后挤干水分，甘煮蘑菇切成薄片。

● 完成

7 将步骤6的蔬菜混合，再与步骤5拌匀。

使用炸豆腐的内馅，无需吸干水

切掉炸豆腐的四周，使用里面的部分。外皮切碎，用做配料。

捏碎后混合即可

用手捏碎。

与调味料混合。

白芝麻豆腐沙拉酱制作完成

滤干水，使豆腐变硬

用两个碗压两个小时，充分滤干水。滤干至可以用手一下子掰开的程度即可。

将豆腐一点一点捣碎，搅拌成顺滑的奶油状

捣碎。

加入调味料混合。

用细密的滤网过滤。

白芝麻豆腐沙拉酱制作完成

绵密的土豆沙拉

清爽的土豆沙拉

齿间留香，美味无比

绵密的土豆沙拉

材料（3人份）

土豆（男爵）…………… 3个（450g）

土豆调味用料

| 盐 …………………………… 1/4小匙
| 白葡萄酒醋 ………………… 1/2大匙
| 橄榄油 ……………………… 1/2大匙

黄瓜 ……………………………… 1/2根

洋葱 ……………………………… 1/4个

胡萝卜 …………………………… 1/4根

火腿 ……………………………… 5片

| 蛋黄酱 ……………………… 2大匙
| 白葡萄酒醋 ………………… 1/2大匙
| A 橄榄油 …………………… 2小匙
| 盐 ……………………… 不到1/4小匙
| 胡椒 ………………………… 适量

盐 ………………………………… 适量

● 准备配料

1 黄瓜切成小薄片，用盐轻轻揉一下，然后用水冲洗，挤干水。洋葱纵向切成薄片，在盐水中浸泡一下，再挤干水。胡萝卜切成薄薄的银杏叶状，用盐水煮熟，再倒入凉水中过滤一下。火腿切成长2cm的方片。

● 准备土豆

2 土豆切成长1cm的半月形，倒入水没过土豆后开火煮。

3 煮软后倒掉热水，在火上不停地晃动锅，蒸干剩余的水，制作成土豆泥。

4 将步骤3倒入碗中，趁热加入土豆调味用料，轻轻压碎土豆，再与调味料混合均匀。

使用男爵等口感松软的土豆。

清爽的土豆沙拉

材料（2人份）

土豆（五月皇后）……… 2个（300g）

土豆调味用料

| 盐 …………………………… 两小撮
| 胡椒 ………………………… 适量
| 白葡萄酒醋 ………………… 1/2大匙
| 橄榄油 ……………………… 1小匙

黄瓜 ……………………………… 1/2根

迷你小番茄 ……………………… 5个

芝麻菜 …………………………… 1/2把

火腿 ……………………………… 5片

沙拉酱

| 蛋黄酱 ……………………… 1大匙
| 白葡萄酒醋 ………………… 1/2大匙
| 橄榄油 ……………………… 1大匙
| 盐 …………………………… 1小撮
| 胡椒 ………………………… 适量

● 准备土豆

1 土豆切成宽5~7mm的半月形，放入热水中煮。

2 煮透后滤干水，加入土豆调味用料，混合均匀后冷却。

● 准备配料

3 黄瓜切成较厚的小圆片，迷你小番茄切成宽3mm的圆片，芝麻菜撕成适口的大小，火腿切成长2cm的方片。

使用五月皇后等不易煮烂的土豆。

● 完成

5　步骤4冷却后，与步骤1混合，再加入A，搅拌均匀即可。

土豆煮软后制作土豆泥，轻轻压碎土豆

趁热加入调味料，压碎土豆的同时，将其与调味料混合均匀，这样可以更入味。

提前用盐揉、煮蔬菜

这样可以除去多余的水，使蔬菜更柔软，与土豆的味道更好地融合在一起，而且还能防止水渗出。

● 完成

4　将沙拉酱的调味料混合在一起。

5　步骤2与步骤3在碗里混合，再加入步骤4拌均匀。

土豆煮透后滤干，再放置冷却

不要煮过头，要留有嚼劲。趁热加入土豆调味用料并迅速与土豆混合均匀，这样才能更入味。

配料切好即可。

加入芝麻菜后，这款沙拉会齿间留香，回味无穷。清爽的土豆沙拉与鲜脆的蔬菜搭配，会让美味加倍。

嚼劲十足

脆口牛蒡

清润爽口

细丝牛蒡

材料（2人份）

牛蒡·······························1/2根
胡萝卜·····················4cm长的1块
芝麻油·····························1小匙
清酒·······························2大匙
味醂·······························1大匙
酱油·····························1/2大匙
辣椒粉·····························适量

● 准备材料

1 用刷子洗净牛蒡，切成长4cm的细条状，然后再用水快速洗一次。

2 胡萝卜切成与牛蒡大小差不多的条状。

● 翻炒

3 芝麻油倒入锅中，加热后倒入牛蒡丝，用中火翻炒。牛蒡丝与芝麻油混匀后，再倒入胡萝卜丝并翻炒均匀。

4 牛蒡变透明后，加入清酒、味醂继续翻炒。汁水被炒干后再加入酱油，翻炒至汤汁收干。

● 完成

5 盛到盘子里，撒上辣椒粉。

沿纤维切成细条状可以让牛蒡更
有嚼劲，而且味道更浓郁。

材料（2人份）

牛蒡·······························1/3根
胡萝卜························纵切1/5根
芝麻油·····························1小匙
清酒·······························1大匙
味醂·····························1/2大匙
酱油·······························1小匙
辣椒粉·····························适量

● 准备材料

1 用刷子洗净牛蒡，沿表面纵向切出数条切口，然后在砧板上一边转动牛蒡，一边将其削成细丝。削好后立即将牛蒡丝放到水里洗一下，再滤干水。

2 胡萝卜切成与牛蒡大小差不多的丝状。

● 翻炒

3 芝麻油倒入锅中，加热后倒入牛蒡丝，用中火翻炒。牛蒡丝与油混匀后，再倒入胡萝卜丝并翻炒均匀。

4 牛蒡变透明后，加入清酒、味醂继续翻炒。汁水炒干后再加入酱油，翻炒至汤汁收干。

● 完成

5 盛到盘子里，撒上辣椒粉。

先将牛蒡浸湿变软后，更容易削
成薄薄的细丝。削成细丝后，牛
蒡的味道会稍微淡一些。

令人赞不绝口的朴素味道

甘煮芋头

润滑爽口，口感绝佳

白煮芋头

材料（2~3人份）

芋头·······················6个
昆布高汤·················2½杯
清酒·······················2大匙
砂糖·······················1小匙
味醂·······················3大匙
酱油·······················2大匙
芥末酱····················适量

● 准备材料

1　用刀刮去芋头皮。

● 煮

2　将芋头和昆布高汤倒入锅中，盖上锅盖，用中火加热。煮沸后调至小火再煮10分钟。

3　把竹扦扎到芋头里，如果能扎透，便可加入清酒、砂糖、味醂，然后再煮5分钟。

4　在步骤3中加入酱油，调至中火加热，揭开锅盖继续煮。煮沸后时而用汤勺舀起汤汁，浇到整块芋头上。汤汁减少至一半后，继续浇汤汁，直至汤汁基本煮干。

● 完成

5　将芋头盛到盘子里，放上芥末酱。

刮皮后直接煮。

一边浇汤汁，一边收汁上色。

材料（2~3人份）

芋头·······················8个
昆布高汤·················1¾杯
姜（切成薄片）··········2片
清酒·······················2大匙
味醂·······················2大匙
盐··························1/2小匙
淡口酱油·················1/2小匙
柚子皮（切丝）··········适量

● 准备材料

1　用刀刮去芋头皮，稍微刮厚一些，然后浸入水中泡半天。

2　步骤1洗净后放入锅中，加入大量的水后盖上锅盖，用中火加热。沸腾后调至小火煮15分钟。用竹扦扎到芋头里，能穿透即可。

3　关火后，在步骤2的锅盖上慢慢倒上凉水，浸泡至芋头完全冷却，然后充分洗净芋头的黏液。

● 煮

4　将步骤3和昆布高汤、姜片、酱油倒入锅中，给芋头盖上纱布，用中火加热。煮沸后调至小火，再加入清酒、味醂，煮15分钟。

5　在步骤4中加入盐、淡口酱油，再煮5分钟。静置冷却，使芋头浸泡入味。

● 完成

6　步骤5再次加热后盛到盘子里，浇上汤汁，放上柚子皮。

去皮，稍微去厚一些，提前先煮一次。

用淡味的汤汁慢慢炖煮。

用生米和豌豆一起蒸的豆饭

喷香青豆饭

预先蒸好米饭，再与豌豆混合而成

香甜青豆饭

材料（3~4人份）

大米	360mL
豌豆（带壳）	400g
昆布	5g
盐	1/2小匙

● **准备材料**

1 大米洗净后倒入电饭锅的内胆，加入适量的水，然后放入昆布。浸泡0.5~1小时。

2 豌豆去壳。

3 在步骤**1**中加入盐，拌匀后将步骤**2**倒在米的上方，然后用电饭锅蒸熟。

● **完成**

4 除昆布之外，上下翻动米饭和豌豆，混合均匀后盛到容器里。

豌豆与大米一起蒸。

蒸熟之后迅速混合。

材料（3~4人份）

米	360mL
豌豆（带壳）	400g
昆布汤	
水	3杯
昆布	20g
盐	1/2小匙

● **提前煮好豌豆**

1 把昆布在600mL的水中浸泡3小时，取昆布浸泡后的汤汁。

2 豌豆去壳。

3 取出步骤**1**的昆布，移到锅中，加入盐后开火。煮沸之后放入豌豆，紧接着盖上小木盖，四周沸腾后把火力调小一些，再煮3分钟。

4 豌豆变软后，将其倒入金属碗中，然后连碗一起放入冰水中并快速搅拌，使豌豆冷却。

● **蒸米饭**

5 大米洗净后滤去水分，放置0.5~1小时。最好用潮湿的纸巾盖住。

6 步骤**5**倒入电饭锅的内胆中，加入适量的步骤**4**中煮豌豆的汤汁后，即可开始蒸米饭。

● **完成**

7 将步骤**4**的豌豆加入基本蒸好的米饭中，再蒸10~15分钟后上下翻动，迅速混合豌豆和米饭，然后盛到盘子里。

浮在水面的豆粒与空气接触后会产生皱纹，因此需要盖上小木盖煮。

提前煮好豌豆，豌豆颜色会更诱人，然后再用煮豌豆的汤汁蒸米饭。

蒸好米饭后与豌豆混合。

蔬菜的切法

日本料理中，食物的切法多种多样。下面向大家介绍几种本书中使用的代表性切法。

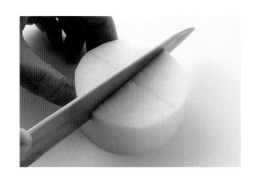

切圆片
适用于圆形的食材，切成厚度相同的片状。

切粗条、切长片
切粗条是指切成较厚的长方形，而切长片是指切成较薄的长方形。

滚刀
转动食材，斜着切下去，切面表面积较大的切法。

切半月形、切银杏叶状
切半月形是指切圆片的一半，而切银杏叶状则是指切半月形的一半。

切方块、切碎块
切方块是指边长1cm的块状，碎块是边长3mm的块状。

削切
对于较厚的食材，要将刀斜着插入其中，用削的方法切开。

切细圈
从食材细长的一端（小口）开始切薄片的方法。

切方片
切成正方形的薄片。

削薄片
削成竹叶一般的薄片。

切丝
切成细丝。

切弧形
球形的材料沿放射状均匀地切开，呈梳子状。

切细条
切成宽2mm、长3cm的火柴棒形状。

经典菜肴

传统的制作方法

煮
物

筑前煮

　　"筑前煮"中蔬菜与鸡肉汤汁的味道浑然天成，而最重要的是各种食材保持了本来的醇味。制作时需要先充分翻炒食材，锁住鲜味，然后再充分炖煮，使食材更加入味。

先充分翻炒蔬菜，可以保持蔬菜的形状，同时也可以防止蔬菜被煮烂。

汤汁过多会导致煮过头，减弱食材的味道。所以这里先加入汤汁之后再开始煮。

最后用大火收汁，整体的味道会更浓郁，且富有光泽。时而上下翻动一下，使味道更均匀。

材料（3~4人份）

鸡腿肉	1/2块（125g）
干香菇	4朵
魔芋	1/5块（65g）
胡萝卜（或透心红胡萝卜）	1/2根
莲藕	5cm长的1段
牛蒡	1/4根
芋头	2大个
荷兰豆	6个
色拉油	1小匙
昆布高汤	2杯
清酒	2大匙
味醂	3大匙
淡口酱油	1大匙
盐	适量

● **准备材料**

1　干香菇放入密封袋中并注入水。尽量排出空气，封口后放到冰箱里冷藏一晚。

2　滤干步骤**1**的水，去掉香菇柄后2~4等分切开。浸泡干香菇的水用滤网过滤，先取出1/2杯备用。

3　魔芋切成适口的大小，用盐轻轻揉搓后，再用水焯一下，然后滤干水。

4　切除鸡肉多余的脂肪，然后沿肌理切成适口的大小。

5　胡萝卜、莲藕去皮后切成不规则的形状。牛蒡用刷子洗净，随意切好，再用水迅速洗一下。芋头去皮后切成厚圆片。

● **烹煮**

6　色拉油倒入锅内，加热后先炒带皮的鸡肉。鸡肉变白后加入魔芋翻炒。然后加入步骤**5**的蔬菜，继续翻炒。

7　将昆布高汤、步骤**2**浸泡香菇的水、香菇加入步骤**6**中，煮沸后撇去浮沫，再倒入清酒。

8　再次煮沸，撇去浮沫后，盖上锅盖，用小火煮10分钟。

9　味醂加入步骤**8**中并煮10分钟，再加入淡口酱油，继续煮10分钟。

10　揭开锅盖，调至大火，汤汁减少后时而上下翻动一下，煮至锅底留有少许的汤汁为止。

● **完成**

11　剔除荷兰豆的筋，用盐水煮一下，滤干水后纵向切半。

12　将步骤**10**盛到盘子中，放上切好的荷兰豆做点缀。

鲥鱼萝卜

用鲜美的鲥鱼汤煮萝卜，即是"鲥鱼萝卜"。鲥鱼的汤汁鲜美，可选用鱼杂炖煮。鱼肉所含的脂肪较多，所以口感细滑，充分还原了鲥鱼的味道。

材料（2~3人份）

鲥鱼的鱼杂	·········	1/2条份（350g）
萝卜	·········	6cm长的1段
A	清酒、水 ·········	各1杯
	昆布 ·········	5g
	姜（切薄片）·········	4片
味醂	·········	5大匙
酱油	·········	1大匙
大酱汁	·········	1/2大匙
盐	·········	少许
生姜细丝	·········	适量

鲥鱼的鱼杂味道有点腥，需要事先处理一下。首先稍微撒点盐，使鱼杂渗出多余的水分，同时去除腥味。

注入80℃左右的热水焯一下。所谓"焯"，是指用热水迅速过一下，仅表面受热。表面变白后，再放入冰水中降温。

然后用水洗净，去除多余的脂肪和腥味。同时洗掉残留的鱼鳞和血块，再滤干水。

萝卜去皮，稍微去厚一些，以便削除皮内侧较硬的纤维。

● 准备材料

1 鲥鱼的鱼杂撒少许盐，腌制10分钟，再用热水焯一下后洗净。

2 萝卜去皮后，切成厚3cm的半月形。

● 炖煮

3 将步骤1和A倒入锅中，用中火加热。煮沸后撇去浮沫，再盖上锅盖，接着用小火煮10分钟。

4 将萝卜放入步骤3的汤汁中，使其沉到锅底。煮20分钟，直到萝卜变软。

5 味醂加入步骤4中，煮5分钟，然后再倒入酱油，继续煮5分钟。

6 在步骤5中倒入大酱汁，用中火加热，汤汁煮沸后，揭开锅盖。一边煮，一边不时地将汤汁浇到所有食材上，煮至锅底只剩下少许汤汁为止。

● 完成

7 盛到盘子里，放上生姜细丝。

干烧鲄鱼

干烧鱼是指用火炖煮之后，汤汁浓郁的料理，但味道不会渗透到鱼肉的内部。从放入汤汁中到烹制完成仅需要10分钟左右，简单而又方便。

材料（2人份）

鲄鱼	················	2条
A	清酒 ················	1杯
	味醂、酱油 ················	各1/4杯
	生姜（切薄片） ················	4片
芥菜花	················	1/2把
盐	················	适量
花椒叶	················	适量

煮沸后，将鲄鱼放入滚烫的汤汁中。放入热汤汁之后，鱼皮会裂开，不过这说明鲄鱼十分新鲜。

用小火加热，需要较长的时间，这样味道才能渗透到其中。煮至起泡后，再用大火收汁。

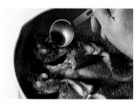

做好之前千万不要碰到鱼。差不多煮熟后揭开锅盖，浇汤汁的同时进行收汁，很快就可以完成啦！

● 准备材料

1 刮去鲄鱼的鳞片，从内侧开膛，仔细地取出内脏。用水将鱼洗干净，擦干水后在鱼身表面划出切口。
2 步骤1放入碗中，倒入80℃左右的热水焯一下。表面变白之后，迅速滤干水，洗掉残留的鳞片和血块，再擦干水。
3 切除芥菜花茎部较粗的部分，剩下的部分用盐水煮一下，然后滤干水。

● 炖煮

4 将A倒入浅口锅或平底锅中，用大火加热。煮沸后，将处理好的鲄鱼正面朝上放入其中。将鱼浸入汤汁中，盖上锅盖。待四周沸腾之后，调小火，再煮8分钟。
5 揭开锅盖，一边往鱼上浇汤汁，一边煮至汤汁稍微浓稠的状态。

● 完成

6 步骤3的芥菜花浸入步骤5的汤汁中，快速煮一下即可。
7 鲄鱼盛到盘子里，放上芥菜花，浇上汤汁之后再放上花椒叶。

※ "正面"是指鱼头朝左时，朝上的一面。在日本料理中，盛鱼的时候鱼头要朝左边。

※ "焯"是指迅速用热水过一下，仅表面受热。用热水焯过后，可以去除多余的脂肪和腥味。但是水太热容易烫过头，使用80℃左右的热水即可。

味噌青花鱼

  制作味噌青花鱼与干烧鱼的方法基本相同。炖煮之后，将鱼肉浸在汤汁中，味道会更鲜美。汤汁最后会变得浓稠，注意不要使味道完全渗入鱼肉中。

"焯"是指迅速用热水过一下，仅表面受加热。水太热容易烫过头，80℃左右的即可。

材料（2人份）

青花鱼（从鱼骨中间将鱼切成两片）	1块
A 清酒	1/2杯
水	1/4杯
昆布	5g
生姜	（切薄片）2片
味醂	3大匙
味噌	1⅔大匙
盐	少许
生姜细丝、葱丝	各适量

刚开始就加入味噌，会使鱼肉不鲜嫩，容易变硬，而且会丧失鱼的风味。青花鱼煮透之后，用汤汁稀释味噌，再加入其中。

一边浇汤汁，一边收汁，尽快让所有鱼肉都浸到汤汁。轻轻一碰，鱼肉就会散开，所以不要给鱼块翻身。

● 准备青花鱼

1 刮净青花鱼的鳞片，再二等分切开，撒上盐腌渍15分钟。

2 在步骤**1**的鱼皮上划出切口，再放入碗中，倒入80℃左右的热水焯一下。表面变白后立刻用水清洗鱼块，再擦干水。

● 炖煮

3 将A放入小一点的浅口锅或平底锅中，用中火煮10分钟。

4 煮沸后取出昆布，将步骤**2**带皮的一面朝上放入锅中。盖上纸盖炖煮，四周沸腾后用小火煮5分钟，然后加入味醂再煮3分钟。

5 味噌稀释后加入步骤**4**中。揭开纸盖，一边往鱼上浇汤汁，一边将汤汁煮至浓稠。

● 完成

6 将青花鱼盛到盘子中，浇上汤汁，再将生姜细丝与葱丝混合后，放到青花鱼上。

※ "生姜细丝"是指将生姜切成非常细的丝状，如针一样，用水浸泡后口感清爽。"葱丝"是将大葱绿色的部分用和处理生姜细丝一样的方法制作而成。用大葱白色的部分切的细丝则称为"白发葱丝"。

※ "纸盖"是可以直接盖在食材上的一种锅盖。可以用烘焙用的锡纸制作，纸盖要比锅大一圈，然后在中央和周围的7、8个地方剪出切口。

梅干沙丁鱼

这个做法可以煮出清爽的梅子风味，是一种省事简单的煮鱼方法。沙丁鱼的肉质较嫩，多少带有些腥味，处理时要仔细清理干净。另外，锅的选择也非常重要。

材料（2人份）

沙丁鱼		6大条
A	醋、清酒	各1/4杯
	水	1¾杯
B	清酒、水	各1/2杯
	味醂、酱油	各2大匙
	生姜（切薄片）	2片
	梅干	2个
小葱（斜着切）		适量

俗话说"洗七次的沙丁鱼会有鲷鱼的味道"，所以沙丁鱼要充分清洗。血块部分需要清理干净，腹中的黑皮也要完全洗净。

若将沙丁鱼放入较小的锅里，会因重叠放置而受热不均；如果放入较大的锅里，又容易翻动煮烂。因此，要在大小正好的锅内铺上竹笋外皮，整齐地放入沙丁鱼。

加入醋和清酒，预先煮一下，可去除沙丁鱼的腥味。煮5分钟后，压住小木盖，倒掉汤汁，滤干水。

● 清洗沙丁鱼

1　刮掉沙丁鱼的鱼鳞，切掉鱼头。然后斜着剪开腹部，除去内脏。

2　用大量的水清洗沙丁鱼，再擦干水。

● 预先煮一下

3　在竹笋外皮上纵向划出几条切口，铺到浅口锅里，然后将沙丁鱼整齐地摆放在锅内。

4　再将A加入步骤3中，折叠好竹子皮，盖上小木盖，用中火加热。煮沸后撇去浮沫继续煮5分钟，倒掉煮鱼的水。

● 第二次煮

5　将B倒入步骤4中，再次盖上小木盖，用中火加热。煮沸后调至小火，炖30~40分钟，直至只剩下少量汤汁。

● 完成

6　将沙丁鱼盛到盘子里，放上梅干，再浇上汤汁。最后不要忘记放上小葱。

※先铺好竹笋外皮，稍后更容易取出沙丁鱼，而且不易弄碎鱼肉。竹笋外皮可以在做点心的食材店里买到，或者用烘焙锡纸代替也可以。无论用哪一种，中央都要划出几道切口，以利于汤汁的渗透。

烧鲷鱼鱼杂

烧鱼杂的精华在于其中凝稠状的胶质，它的美味让喜欢吃鱼的朋友赞不绝口。掌握好火候，将胶质溶化之后，便可大快朵颐了！

材料（2人份）

鲷鱼鱼杂（鱼头和中骨）··················	400g
牛蒡··································	15cm长的1段
A 清酒、水 ·························	各1杯
生姜（切薄片）·····················	3~4片
砂糖·································	1小匙
味醂·································	1/4杯
酱油·································	1大匙
大豆酱油·····························	1/2大匙
花椒叶·······························	适量

鱼杂也有腥味，记得认真处理哦！用热水焯一下，内侧洗干净，去掉残留的鱼鳞和血块。

烧鱼杂需要较长的时间炖煮，因此先加入甜味的调料，比如砂糖和味醂。然后再加入酱油等咸味的调料。

最后，将汤汁熬成浓稠状，使味道完全融入其中。收汁的同时，将汤汁浇到所有鲷鱼上，这一步非常关键。

● **准备材料**

1 将鲷鱼鱼杂放入碗中，用80℃的热水焯一下。表面变白后，立即用水洗干净，然后擦干水。

2 牛蒡用刷子洗干净，切成3cm的长段，每段再4等分（较细的部分纵向切半），切好后快速用水洗一下。

● **炖煮**

3 将鱼杂和牛蒡放入锅中，再加入A。盖上锅盖后用中火加热，煮沸后撇去浮沫再煮10分钟。

4 砂糖、味醂加入步骤3中，煮10分钟。然后再加入酱油、大豆酱油，继续煮10分钟。

5 揭开锅盖，一边往鱼和牛蒡上浇汤汁，一边煮至只剩下少许的汤汁。

● **完成**

6 将鱼杂和牛蒡盛到盘子里，浇上汤汁，放上花椒叶。

※"焯"是指迅速用热水过一下，仅表面受热。用热水焯过后，可以去除多余的脂肪和腥味。

炖煮鱿鱼内脏

这道料理味道的关键在于"内脏"。新鲜的内脏可谓是珍馐美馔，而自己动手处理鱿鱼更是有趣。处理鱿鱼的方法比处理鱼简单，煮内脏时无需剥掉内脏的外皮。

材料（2人份）

鱿鱼	1条
色拉油	1/2小匙
红辣椒（去籽）	1/2个
A　清酒	1/4杯
味醂	2大匙
淡口酱油	1/2小匙
姜汁	1/2小匙
盐	1小撮
小葱（切细圈）	适量

● **准备鱿鱼**

1 按照右侧的方法处理鱿鱼。然后在内脏里撒上盐。

● **烹煮**

2 将色拉油和红辣椒倒入锅中，用小火加热。散发出香味后，将步骤1的内脏挤出水，再放入锅中炒干。

3 将A加入步骤2中，用中火加热。煮沸之后加入姜汁和鱿鱼的躯干、触角，快速煮一下。待鱿鱼煮透且变得富有弹性后，就可以关火。

● **完成**

4 将鱿鱼盛到盘子里，撒上小葱。

将鱿鱼的内脏放到锅里炒一下，除去水分，注意不要炒焦。炒干后，内脏的腥味也会随之变淡一些。

处理鱿鱼的方法

去掉软骨，再用手指捏住头部与躯干的接缝处，慢慢拉动头部，抽出内脏。

1

取出内脏表面的墨囊，小心不要弄破。同时取下内脏的内膜。

2

将小刀插入内脏的底部，切下内脏。然后将内脏放到碗里并撒上盐。

3

从反面将藏在触角底部正中央的嘴巴推出，然后用手指捏住，取下嘴部。

4

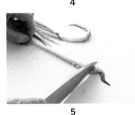

切掉头部，用刀压住触角，刮去吸盘。然后再切掉触角的顶端。

5

煮内脏时，将鱿鱼的躯干切成宽1cm的圆圈，然后将触角切成适口的大小。

6

炖肉块

猪肉入口即化，肉质细腻柔软，让人回味无穷。汤汁中的油脂可在凝固后被全部取出来，因此猪肉的味道浓郁而不油腻，十分美味。

材料（3~4人份）

猪五花肉肉块		550g
A	清酒	1杯
	昆布	7g
	生姜	1片
	葱段（绿色部分）	1根
清酒、味醂		各2大匙
砂糖		2小匙
酱油		1½大匙
大豆酱汁		1小匙
四季葱		1把
芥末酱		适量

如果一开始没有充分将肉块煎至焦黄，之后炖煮时便很难上色。注意先煎烤肥肉，出油后再煎另一面。

将锅里的油倒出后，再注入热水，冲走锅里、肉上多余的脂肪。然后倒掉热水，滤干水。

表面结的白块就是脂肪。溶于汤汁的脂肪放置一晚就会凝固，可以被全部取出。

● 煎烤猪肉再洗净

1 将猪肉8等分切成块，充分热锅后，先将肥肉面朝下，整齐地放入锅中。用中火慢慢煎烤，烤至焦黄之后翻面，每面都要煎烤。

2 煎烤完成后，倒掉锅中的油，再注入热水，洗冲掉肉上剩余的脂肪。

● 预先煮一下

3 将A与可没过肉块的水（约2½杯）倒入步骤2中，用大火加热。煮沸后撇去浮沫，盖上锅盖，调成小火再煮2小时。中间如果汤汁减少，露出肉块，可以补充热水，保持原来的水量。

4 用竹扦插到肉层中试一下，如果肉质变软，即可关火。冷却后放置一晚，使油脂凝固（夏天时需要放入冰箱中）。

● 炖煮

5 取出步骤4中凝固在表面的油脂和葱段、生姜、昆布，盖上锅盖后用中火加热。煮沸后加入清酒、砂糖、味醂，再次煮沸后调至小火再煮20分钟。

6 在步骤5中加入酱油，煮10分钟，再加入大豆酱汁，继续煮10分钟。最后冷却入味。

● 完成

7 揭开步骤6的锅盖，用大火加热。温度上升后，将汤汁浇到所有肉块上，并继续炖煮。

8 汤汁减少至一半后，将四季葱切成3~4cm的长段放入锅中，继续炖煮，直至剩下少许汤汁。

9 盛到盘子里，加入芥末酱。

煮嫩笋

隐隐约约的涩味与甘甜，让齿间充满新鲜竹笋特有的味道。刚刚煮好的竹笋清淡鲜美，让人心满意足。

材料（2人份）

竹笋		1小根
A	米糠	1小撮
	红辣椒	1个
裙带菜（腌制）		30g
昆布高汤		1¼杯
清酒、味醂		各1½大匙
盐		1小撮
淡口酱油		1¼小匙
干鲣鱼屑（放入茶包中）		3g
花椒叶		适量

裙带菜用热水浸泡之后，绿色更加鲜亮。切除较硬的茎。

竹笋的煮法

1 斜着切掉竹笋的顶端部分，然后纵向划出一条深2cm左右的切口。划出切口后，去皮会更容易。

2 将竹笋放入锅内，倒入水后放入米糠和红辣椒。米糠和红辣椒具有去除涩味的功效。

3 盖上小木盖，开火加热至沸腾的状态，然后用小火炖煮30~40分钟。竹扦能从根部穿透即可。

4 将竹笋浸泡在汤汁中静置冷却。可以盖上小木盖，防止竹笋表面变干。

※预先煮过的竹笋去皮保存时，需要倒入少量的汤汁没过竹笋，然后再放入冰箱中。可保存4~5天。

● 准备竹笋

1 在竹笋中加入A，按照右上方的方法处理，然后浸泡在汤汁中，静置冷却。

2 完全冷却后，从切口处去掉皮，再用刀背剥下根部剩余的皮。

3 将步骤2纵向切成两半，然后切成顶端和根部两部分。顶端部分再纵向切半分开，根部则是横向切半。

● 准备裙带菜

4 将裙带菜在水中浸泡10分钟。

5 滤干裙带菜的水，放入碗中，再倒入热水。待裙带菜变绿后倒掉水并滤干水。

6 去掉裙带菜的茎，切成适口的大小。

● 炖煮

7 步骤3放到锅里，加入昆布高汤。盖上小木盖之后，用中火加热。煮沸后调成小火，再加入清酒、味醂、干鲣鱼屑，继续煮10分钟。

8 将盐和淡口酱油倒入步骤7中，再煮10分钟，然后冷却入味。

● 完成

9 盖好小木盖，用中火加热，然后放入裙带菜稍微煮一下。

10 将竹笋与裙带菜盛到盘子里，浇上汤汁，最后放上花椒叶。

煮萝卜

这道透白而又绵软的煮萝卜，用昆布高汤加热后加上自己喜欢的味噌酱即可食用。在寒冷的冬夜，它是暖心又暖胃的佳肴。一定要选用香甜的冬季萝卜！

划出切口是为了方便食用。在两面都划出十字形。

预先煮萝卜时，需要加入大米慢慢煮。加入大米后可让萝卜更白、更软，而且还能去除萝卜的涩味。

材料（2人份）

萝卜	6cm长的1段
大米	1把
昆布汤	
昆布	5g
水	3½杯
自己喜欢的味噌酱（参照右下方）	右下方做法分量的1/2
奇亚籽、柚子皮	各适量

● 预先煮萝卜

1 将萝卜呈圆形2等分切开。削皮时稍微削厚一些，去掉内侧粗糙的纤维。然后在两面划出十字形的切口。

2 将萝卜放入锅里，放入水和大米，再盖上锅盖用大火加热。煮沸后调至小火，再煮20分钟。

3 如果用竹扦能穿透萝卜，即可关火。关火后再浸泡5~10分钟。

● 制作味噌酱

4 制作适合个人口味的味噌酱。

● 加热萝卜

5 将煮昆布汤的材料放入锅内，浸泡15~30分钟，然后加入萝卜，用小火加热，萝卜热透即可。

● 完成

6 滤干步骤5的汤汁，浇上味噌酱。赤味噌酱搭配奇亚籽，白味噌酱搭配柚子皮磨成的泥。

味噌酱的制作方法

材料（适量）

● 混合味噌酱

味噌（信州味噌）	1⅔大匙（30g）
赤味噌（仙台味噌）	1大匙（20g）
蛋黄	1个
清酒	2大匙
味醂	3大匙
砂糖	1小匙

● 白味噌酱

西京味噌	不到3大匙（50g）
蛋黄	1个
清酒	2大匙
味醂	1大匙

● 赤味噌酱

赤味噌	1⅔大匙（30g）
西京味噌	1大匙（20g）
蛋黄	1个
清酒	2大匙
味醂	2大匙
砂糖	1小匙

制作方法

1 将食材倒入小锅中，混合至黏稠状，然后用小火加热，搅拌至蛋黄酱的状态即可。

2 放凉后，用细密的滤网过滤即可。

※这3款味噌酱均可以在冰箱中保存两星期，也可以冷冻。把它们涂在豆腐、魔芋或者烤串上都美味无比。

焼
物

盐烤秋刀鱼

　　盐烤秋刀鱼是非常简单的料理，只需将盐均匀地撒在秋刀鱼上，适度烘烤即可，每个人做的味道都相差不大。脂肪较厚的秋刀鱼容易烤焦，所以最好用中火或较强的中火烘烤。

大部分秋刀鱼的鳞片会自然脱落，但多少会有一些残留，可以用刀刮干净。

撒盐的技巧是：先将盐撒在另一只手的手掌上，再使盐散落在鱼上（如图），这样能将盐均匀地散开。

材料（2人份）

秋刀鱼	2条
盐	适量
萝卜泥	1杯
酸橘	1个
酱油	少许

● **准备秋刀鱼**

1　刮掉秋刀鱼的鱼鳞，再用水洗干净，擦干水。

2　在秋刀鱼的两面撒上适量盐。

● **烘烤**

3　充分预热烤鱼用的烧烤架（两面烧）。将秋刀鱼的正面朝上放入其中，从中火逐渐调至较强的中火，烘烤7~8分钟。

● **完成**

4　将鱼盛到盘子里，放上萝卜泥和半个酸橘。再在萝卜泥上浇些许酱油。

※"正面"是指鱼头朝左时，朝上的一面。在日本料理中，盛鱼的时候鱼头要朝左边。

※使用上火式的烧烤架时，可以先将秋刀鱼的反面朝上放到烤架中烘烤。时间的参照标准是：反面用较强的中火烤5~7分钟，翻面后，正面再烤4~5分钟。

照烧鲕鱼

可以把鱼块浸到调味料中，再进行烧烤，但是，干烧之后浇上浓郁的酱汁才是最醇味的照烧做法。干烧可以防止鱼肉被烤焦，也更能突出鱼肉的鲜美。

材料（2人份）

鲕鱼（鱼块）··································	2块
调味汁	
清酒、味醂 ····························	各1½大匙
酱油 ······································	1大匙
姜汁 ······································	1小匙
盐··	适量
色拉油··	少许
萝卜泥··	适量

煎鱼时如果上色较浅，完成后的色泽会稍显不足，所以正面需要煎得恰到好处。鱼皮煎过之后，味道会更香脆。

如果锅里有残留的油，调味料就难以变成黏稠状，而且还会带有腥味。所以一定要把油擦干净！

调味汁充分熬煮后便做成了照烧的酱汁。要一边将调味汁浇到鲕鱼上，一边用大火将调味汁煮至黏稠状，形成富有光泽的酱汁。

● 干烧鲕鱼

1　在鲕鱼的两面撒上些许盐，腌渍10分钟后擦干水。

2　将色拉油倒入平底锅中，再将鲕鱼的正面（能看到鱼皮的一侧）朝下，整齐地放入锅中，用中火煎烤。

3　正面煎成漂亮的黄色后，上下翻面，再煎另一面。

● 浇调味汁

4　擦干平底锅里的油后加入调味汁，用较强的中火将其煮沸。

5　煮沸之后，将调味汁浇到鲕鱼上，继续煮成黏稠状。

● 完成

6　盛到盘子里，放上萝卜泥。最后浇上平底锅里剩余的调味汁。

鲅鱼西京烧

　　鲅鱼西京烧是节日家宴时不可或缺的佳肴。腌制到第二天的鲅鱼也别有一番风味，一起来享受西京烧特有的味道吧。腌渍到第四天左右的味噌味道最好。

将一半的味噌酱汁涂在下方的保鲜膜上，剩余的一半涂在鱼块上，再用保鲜膜包住。这种方法可以用最少量的味噌酱汁完成腌制。

材料（2人份）

鲅鱼（鱼块）······························· 2块
味噌酱汁
　西京味噌 ····························· 不到1/2杯（100g）
　味醂 ································· 1½大匙
盐、味醂································· 各适量
菊花芜菁（参照下方的做法）··············· 4个

想要制作出美味的西京烧，鱼肉千万不要浸到水里。用加厚的厨房用纸沾水后擦掉表面的酱汁即可。

菊花芜菁的制作方法

材料（4个的用量）

芜菁（边长1.5cm的方块）4块、甜醋【米醋、水各25mL，砂糖5g】、红辣椒（去籽）1/4根，盐适量

制作方法

❶ 在芜菁表面划出细格子状的切口，再将其浸入2%的盐水中。变软之后滤干水。

❷ 混合甜醋的材料，加入红辣椒，再将变软的芜菁浸入其中。将芜菁盛到盘子里，放上切成细圈的红辣椒。

● 在鲅鱼上撒盐

1 在鲅鱼的两面撒上少许盐，腌渍15分钟擦干水。

● 浸到味噌酱汁里

2 制作味噌酱汁：将味醂加入西京味噌中并搅拌均匀。

3 将步骤2的一半涂到保鲜膜上，然后放上腌好的鲅鱼，再在鲅鱼上涂上剩余的步骤2，最后用保鲜膜包好。

4 将步骤3装到密封袋中，放入冰箱里腌渍4天。

● 烧鱼

5 从味噌酱汁中取出鲅鱼，用沾有水的加厚的厨房用纸擦掉味噌。

6 充分预热烤鱼用的烧烤架（两面烧）。将鲅鱼的正面（能看到鱼皮的一侧）朝上放入烧烤架中，用中火烘烤5~6分钟。

7 烤透后，在鲅鱼表面迅速地涂上味醂，再用余热烘干，这样可以使鱼的表面有光泽。

● 完成

8 将鲅鱼盛到盘子里，放上菊花芜菁。

※使用上火式的烧烤架时，可以先将鲅鱼的反面朝上放到烤架中烘烤。时间的参照标准是：反面用中火烤3~4分钟，翻面后，正面再烤2~3分钟。

冷锅茄子

冷锅是由烤串演变而来。将茄子切成大块，烹调后口感细腻美味，最后浇上的甜味噌是味道好的关键。

很多人习惯将茄子纵向切成块状，但这样吃起来不方便。建议切成不规则的大块，或者是用滚刀的切法处理。

慢慢翻动茄子，使其充分吸入油分。

材料（2人份）

茄子	2个
色拉油	1大匙
清酒	2大匙
赤味噌酱（参照右下图）	右下方做法分量的1/2
小葱（斜着切）	适量

● **准备茄子**

1　茄子切成不规则的大块，先泡到水中，再擦干水。

● **烹炒**

2　将色拉油倒入平底锅中加热，再倒入茄子慢慢煎炒。

3　茄子把油吸干后，加入一半的清酒，继续煎炒。酒被完全吸收后，再加入剩下的酒，炒至熟透。

4　将赤味噌酱加入步骤**3**，并迅速翻炒均匀，让茄子着色。

● **完成**

5　将茄子盛到盘子里，再撒上小葱。

赤味噌酱的制作方法

材料（适量）

赤味噌	1⅔大匙（30g）
西京味噌	1大匙（20g）
蛋黄	1个
清酒	2大匙
味醂	2大匙
砂糖	1小匙

制作方法

1　将所有食材放入小锅中，混合均匀后用小火加热并搅拌成蛋黄酱的状态。

2　放凉后，用细密的滤网过滤即可。

※可以在冰箱中保存两星期，也可以冷冻。用不完的味噌酱可留存下来，把它涂在豆腐、魔芋或者烤串上都美味无比。

67

炸
物

天妇罗

　　香脆的油炸天妇罗，是真正的"美味佳肴"。好吃的秘诀在于外皮的制作和油温的控制，但若一次性倒入油中的食材太多，油温就会下降，所以记得要分成小份炸！

材料（2人份）

材料	用量
日本对虾	4条
沙梭（展开）	2片
茄子	1个
红薯（切成厚5mm的圆片）	4片
莲藕（切成厚5mm的圆片）	2片
香菇	2朵
绿紫苏	2片
天妇罗外皮面糊	
蛋黄	1个
冰水	1杯
小麦粉（提前冷藏）	1杯
小麦粉、油	各适量
蘸料	
昆布高汤	1杯
味醂、酱油	各1/4杯
干鲣鱼屑（放入茶包中）	5g
萝卜泥、姜末	各适量
盐	适量

将日本对虾尾巴上的尾刺斜着切开，用刀将中间残留的水挤出来，防止油炸时溅油。

在日本对虾的腹部划出4~5个切口，压紧背部，这样可以将虾的身体拉直。

提前将碗和小麦粉放入冰箱冷藏，并用冰水混合蛋黄，这样面粉不易产生黏性，油炸之后外皮会更香脆。

用粗一些的筷子大致搅拌一下即可，不要过度搅拌，这样可避免油炸后外皮粘牙。搅拌时以碗中可以看到少许的小麦粉颗粒为宜。

用刷子将小麦粉轻拍到所有食材上，使拍上的面粉薄而均匀，这样可避免后续裹上的外皮脱落。

● 准备材料

1　去掉日本对虾的虾头和虾线，剥去壳，但留下尾巴最后一节的壳。然后再切掉尾巴上的尾刺（尾巴上的突刺），挤出其中的水。

2　在虾的腹部划出4~5个切口，压紧背部，把虾身拉直。

3　茄子纵向切半，香菇去柄。

● 制作蘸料

4　将味醂倒入锅中，用中火煮沸，待其中的酒精挥发后再倒入昆布高汤、酱油、干鲣鱼屑，然后调至小火煮20分钟，最后拧干出鲣鱼屑茶包中的汁水。

● 制作天妇罗的外皮

5　将蛋黄倒入冷藏过的碗中，加入冰水，并搅拌混合。

6　将冷藏过的小麦粉倒入步骤5中，用粗筷子大致混合。

● 油炸

＊　先将小麦粉轻拍到所有的食材上，再裹上步骤6的外皮面糊，然后放入油中。

7　油加热至160℃，先放入红薯。油炸的过程中温度会不断上升，红薯炸透即可。

8　按照步骤7的方法炸莲藕。

9　油上升至170℃后依次放入茄子、香菇、绿紫苏，迅速炸一下。

10　油上升至180℃后，将虾滑入油里，炸至外皮香脆为止。

11　按照步骤10的方法炸沙梭。

● 完成

12　将炸好的食材盛到盘子里，再用另外的盘子盛放萝卜泥和姜末。温热的蘸料和盐放在其他小碟里。

炸什锦

　　制作炸什锦不像天妇罗那样费事，味道却丝毫不比天妇罗差。你可以选择喜爱的应季食材制作，初夏的蚕豆、夏天的玉米都不错!

材料（2人份）

蛤蜊 ································· 1袋（100g）
鸭儿芹 ································· 1/2把
樱花虾 ································· 10g
大葱 ································· 1/2根
天妇罗外皮面糊
　蛋黄 ································· 1/2个
　冰水 ································· 1/2杯
　小麦粉 ································· 1/2杯
小麦粉、油 ································· 各适量
蘸料
　昆布高汤 ························· 1/2杯（120mL）
　味醂、酱油 ································· 各2大匙
　干鲣鱼屑（放入茶包中） ················· 2g
萝卜泥、姜末 ································· 各适量

小麦粉是食材与外皮面糊的黏合剂。与小麦粉混合好后，所有的食材都可以很容易挂上一层薄薄的外皮面糊。

如果是将食材倒入外皮面糊中，裹上的面糊会薄厚不匀。所以要将外皮面糊倒入食材中。注意碗底不要剩下面糊。

用大勺一点一点地舀起食材，沿锅边滑入油中。

在外皮炸硬之前不要触碰，以免菜团散开。

● 准备食材

1　鸭儿芹切成2~3cm的长段，大葱切成小圆圈。

● 制作蘸料

2　将味醂倒入锅中，用中火煮沸，待其中的酒精挥发后再倒入昆布高汤、酱油、干鲣鱼屑，再调至微火煮10分钟，注意不要煮沸。然后拧出干鲣鱼屑茶包中的汁水并取出茶包。

● 制作天妇罗外皮

3　将蛋黄倒入冷藏过的碗中，加入冰水，并搅拌混合。

4　将小麦粉撒入步骤3中，用粗筷子大致混合。

● 油炸

5　将蛤蜊与鸭儿芹放入碗中，加入1/2大匙的小麦粉，迅速混合后，再在它们外面挂上一层薄薄的外皮面糊。

6　在步骤5中加入2~3大匙步骤4（所有食材都要挂上面糊，碗底不要剩下面糊）并混合均匀。注意是将面糊浇到食材上。

7　油加热至170℃后，将步骤6滑入其中。表面炸硬后翻面，外皮炸脆后取出并滤干油分。

8　将樱花虾与大葱放到碗里，裹好外皮后按照步骤5~7的方法炸好。

● 完成

9　将所有食材盛到盘子里，放上萝卜泥和姜末，再把温热的蘸料放到另外的小碟里。

龙田炸青花鱼

龙田炸源于红叶之乡——奈良的龙田川。用预调的酱油将青花鱼浸成红色，再撒上马铃薯淀粉，然后就可以用油炸了。

材料（2人份）

青花鱼（上身）· ·	1/2条
腌汁	
清酒、味醂、酱油　· · · · · · · · · · · · · · · · ·	各2大匙
姜汁　· ·	1小匙
马铃薯淀粉、油· ·	各适量
彩椒（红、黄）· ·	各1/4个
白果· ·	6颗
盐· ·	适量

将青花鱼浸泡到腌汁中，静置30分钟左右，充分腌制。

如果有腌汁残留，青花鱼就会很难均匀地裹上马铃薯淀粉，因此要用加厚的厨房用纸擦干腌汁。

撒上大量的马铃薯淀粉，无需抖落表面多余的淀粉。

● 腌制青花鱼

1　青花鱼切成宽1.5cm的片状。

2　将腌汁的材料倒入碗中，再放入青花鱼腌渍30分钟。

● 油炸

3　将彩椒用枫叶或银杏叶形状的模具切好（或者切成自己喜欢的形状）。在白果壳上划出口，再去掉壳。

4　轻轻擦干步骤1的腌汁，撒上马铃薯淀粉。

5　油加热至160℃，将彩椒直接放入油中，炸好后滤干油，再撒上少许盐。白果和彩椒一同放入油中，待其外层的薄皮脱落，且炸透后就可以取出来，也撒上少许盐。

6　油温上升至170℃后，再放入步骤4。炸透后取出并滤干油。

● 完成

7　将步骤6盛到盘子里，再撒上炸好的彩椒和白果即可。

※青花鱼的"上身"是指将鱼头朝左放置，再将鱼切成上、中、下3片，取出鱼骨和小刺的上片鱼肉。

东南亚风味的腌鲑鱼

　　东南亚风味的腌鱼可以长期保存。想要使鱼肉更入味，油炸是关键的一步。它比炸什锦稍微费点时间，要耐心慢慢炸。

用中温的油慢慢炸，可以去除鲑鱼的水分，这样更容易入味。

鲑鱼滤干油分后，要趁热加入混合醋。趁热腌制后味道会更浓郁。

材料（2~3人份）

生鲑鱼（鱼块）・・・・・・・・・・・・・・・・・・・・・・・・	2块
大葱・・・・・・・・・・・・・・・・・・・・・・・・・・・・・・・・	1根
红辣椒（去籽）・・・・・・・・・・・・・・・・・・・・・・・・	1个
姜皮・・・・・・・・・・・・・・・・・・・・・・・・・・・・・・・・	1片
混合醋	
米醋・・・・・・・・・・・・・・・・・・・・・・・・・・・・・・	1/4杯
昆布高汤・・・・・・・・・・・・・・・・・・・・・・・・・・	1杯
味醂・・・・・・・・・・・・・・・・・・・・・・・・・・・・・・	1大匙
淡口酱油・・・・・・・・・・・・・・・・・・・・・・・・・・	1½大匙
小麦粉、油・・・・・・・・・・・・・・・・・・・・・・・・・・	各适量
盐・・・・・・・・・・・・・・・・・・・・・・・・・・・・・・・・・・	适量
小葱（斜着切）・・・・・・・・・・・・・・・・・・・・・・・・	1根

● 准备材料

1　去掉鲑鱼的鱼刺，切成适口的大小，撒上少许盐，腌渍10分钟后擦干水。

2　大葱切成3cm的长段，用烧烤架烤至表面略焦。

3　将制作混合醋的材料倒入锅中，用中火加热。然后放入步骤**2**、红辣椒、姜皮，再调至小火加热。

● 油炸

4　在鲑鱼上撒上小麦粉，抖落多余的粉后，放入170℃的油中慢慢炸。待外皮颜色焦黄、表面香脆后取出并滤干油分。

● 腌制

5　步骤**3**关火后，趁热将炸好的鲑鱼浸入其中，浸泡3小时至1天。

● 完成

6　将鲑鱼和大葱盛到盘子里，浇上腌汁，撒上小葱。

炸山药紫菜卷

将山药用紫菜包住后，再用油炸出外脆内软的口感。炸好之后撒上盐，充分释放出紫菜的香味和美味，是一道让人回味无穷的小吃。

材料（2人份）

日本山药·······················1/2根（100g）
紫菜（整块）··························1块
盐···································适量
油···································适量

用蒜臼研磨出的山药比擦泥器制作的更细腻，山药泥中混入了空气，口感更绵密。

山药的黏性较强，用两根筷子搅拌，使其缠到筷子的顶端。

● **准备材料**

1　日本山药去皮，用蒜臼研磨成山药泥。再加入少许盐并搅拌均匀。

2　紫菜6等分切开。

● **油炸**

3　用筷子缠起1/6的山药泥放到1片紫菜上做成紫菜卷。再依次做好剩下的5个。

4　捏住紫菜卷的顶端，放到大约160℃的油中，快速地炸好。

● **完成**

6　将炸好的紫菜卷盛到盘子里，撒上少许盐。

汤渍炸豆腐

这道炸豆腐的遗憾之处是中间的口感较冷，但是，如果油的温度过高，豆腐会被炸成空心的。因此，将豆腐用中温的油慢慢炸至浅金黄色即可。

材料（2人份）

绢豆腐·····················1/2块（150g）	
汤汁	
昆布高汤 ··········· 1/2杯（120mL）	
清酒、味醂、酱油 ··········各2大匙	
干鲣鱼屑（放入茶包里）········ 3g	
小麦粉、油 ····················各适量	
萝卜泥·························1/2杯	
姜末·························1片份	
细葱（切成细圈）·················1根	

豆腐完全失去水分后味道反而不佳，所以要用加厚的厨房用纸包住，锁住表面的水分。

豆腐很容易被筷子夹烂，所以，操作时最好用漏勺。用漏勺将豆腐放到油锅里炸，炸好后再用漏勺取出。

● **准备材料**

1 将豆腐切成两半，用加厚的厨房用纸包住，稍微吸去一些汁水。

2 将制作汤汁的材料倒入小锅中，用中火煮沸后，调至小火保温。

● **油炸**

3 步骤1撒上小麦粉，再抖落多余的小麦粉。然后放入170℃左右的油里慢慢炸。待表面变成浅金黄色、外皮变脆后取出并滤干油分。

● **完成**

4 将步骤3盛入盘子中，放上萝卜泥、姜末，再拧出干鲣鱼屑茶包中的汁水，浇上汤汁，最后撒上细葱。

刺身

鲜食竹笺鱼

用刀剁碎的烹饪方法又称为"拍松"。即使无法将鱼切成完美的3片状也没关系。这道料理原本是渔夫在船上制作食用的刺身，简单又美味。

材料（2人份）

竹笺鱼	··	1条
A	茗荷	1个
	生姜	1片
	绿紫苏	4片
	小葱	1根
绿紫苏	··	4片
黄瓜（切成粗条）	··························	1/2根
酱油	··	1小匙
柠檬汁	···	1/2小匙

● **准备竹笺鱼**

1 刮掉竹笺鱼的鳞片，切成3片。
2 剔下步骤1的腹骨，取出血块和小刺。由头部向尾巴侧划开，去掉鱼皮和腹部的棱鳞。

● **用刀剁碎**

3 将A中的茗荷、生姜、绿紫苏切碎，小葱切成细圈。
4 先把步骤2的竹笺鱼切成大块，然后用刀剁碎。
5 步骤3加入步骤4中并混合均匀。

● **完成**

6 将黄瓜放到盘子里，再放上绿紫苏，然后将步骤5盛到盘子的内侧。酱油与柠檬汁混合后，酌情加入即可。

处理鱼骨时，用刀尖插入鱼骨的底部，然后轻轻挑起，就可削掉薄薄的一层鱼骨。

鱼肉剁太碎会产生黏性，影响咀嚼，如图片所示的大小即可。

竹笺鱼的切法（3片）

先从腹鳍下侧开始，往头部一侧划出切口。找准胸鳍与头部相连处，切掉鱼头。

1

从鱼的排泄孔处插入刀，沿腹部中心切开鱼腹。用刀尖压住内脏，同时拉动鱼身，即可抽出内脏。然后用水洗净鱼腹，并将水擦干。

2

从腹部的开口处插入刀，划至脊骨。然后由鱼头向鱼尾沿中骨划开。

3

从背鳍上方插入刀，划至脊骨。然后从尾巴底部向头部沿中骨划开。

4

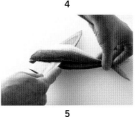

用刀从中骨上方滑过，切下一片鱼身。另一侧也按照腹部、背部的顺序切下，最后取出中骨。

5

醋腌青花鱼

　　"醋腌青花鱼"巧妙地解决了青花鱼不易保存的难题，而且味道丝毫不逊色。可放入冰箱中冷藏2~3日，腌制的青花鱼别有一番风味。

材料（2~3人份）

青花鱼（切成3片后取其中的半片，除去腹骨）………… 1块
盐……………………………………………………………… 2小匙
精制白砂糖………………………………………………… 1/2大匙
调和醋
　米醋、水 ………………………………………………… 各1/2杯
　精制白砂糖 ……………………………………………… 1大匙
　盐 …………………………………………………………… 1小匙
白板昆布…………………………………………………… 适量
姜末………………………………………………………… 适量
茗荷（切丝）……………………………………………… 1个
绿紫苏……………………………………………………… 2片
蘸料
　清酒、酱油 ……………………………………………… 各1大匙
　姜汁 ……………………………………………………… 少许

将盐与精制白砂糖混合后均匀地撒到鱼上。与白砂糖混合后，盐分的浓度不会上升，这样可以使鱼肉更有嚼劲。

烤盘下方放一块"垫板"，使烤盘倾斜出一定的角度，有利于渗出水，使鱼肉绷紧。放入冰箱冷藏时需采用此方法。

渗出的水比较腥，要用加厚的厨房用纸轻压擦干。

醋的酸味太重，所以需要用等量的水调和。然后再将青花鱼浸到调和醋中腌制。

用白板昆布夹住并冷藏一晚后，鱼肉会更美味。可以用保鲜膜包住，直接放到冰箱中冷藏。

● 用盐腌

1 盐与精制白砂糖混合后，将其中一半撒到烤盘里和抹到青花鱼的鱼皮上。剩余下的一半均匀地撒在鱼上。

2 烤盘稍稍倾斜，放入冰箱中冷藏2~3小时。

● 用醋腌

3 将制作调和醋的材料倒入另一个烤盘中，擦干青花鱼的水，将带皮的一面朝上，浸入调和醋中。浸泡3分钟后翻面，然后再浸泡2~3分钟，至鱼肉稍微泛白。

● 用白板昆布夹住

4 滤干步骤3的水，用长度与青花鱼相当的两片白板昆布夹住青花鱼，再放到冰箱里冷藏一晚。

● 制作蘸料

5 将清酒倒入耐热容器中，无需敷上保鲜膜，用微波炉加热30秒，使酒精挥发。

6 将酱油、姜汁倒入步骤**5**中。

● 完成

7 取出步骤**4**的白板昆布，去掉血块和小刺，去皮后用八重造※的方法处理。

8 用步骤**7**的切口夹住姜末，再把茗荷、绿紫苏放到盘子里。蘸料倒入小碟子里。

※如果担心滋生异尖线虫，可以用保鲜膜包住，放入冰箱冷冻即可。

※ "八重造"是日本刺身的一种专门处理方法，指在处理皮质较硬、肉质较软的鱼类时，在鱼皮上划出一条条切口，切口两侧大约各宽8mm。

鲜食鲣鱼

用火直接烧烤的鱼皮香味特别，与用平底锅煎烤的味道很不一样。烤好的鲣鱼盛到大盘子里，让人食欲满满，看上去也相当奢华。

鲣鱼皮下脂肪受热后瞬间即会溶化，因此只需炙烤鱼皮即可。来回不停地移动，烧烤到鱼肉的所有部分。

材料（2~3人份）

鲣鱼（带皮的上身、背身）‥‥‥‥‥‥‥‥‥‥	1块
柠檬果醋	
｜ 清酒、柠檬汁、酱油 ‥‥‥‥‥‥‥‥‥	各1大匙
佐料	
｜ 茗荷 ‥‥‥‥‥‥‥‥‥‥‥‥‥‥‥‥	2个
｜ 绿紫苏 ‥‥‥‥‥‥‥‥‥‥‥‥‥‥‥	6片
｜ 生姜 ‥‥‥‥‥‥‥‥‥‥‥‥‥‥‥‥	2片
｜ 小葱 ‥‥‥‥‥‥‥‥‥‥‥‥‥‥‥‥	5根
盐‥‥‥‥‥‥‥‥‥‥‥‥‥‥‥‥‥‥‥‥	适量
小洋葱‥‥‥‥‥‥‥‥‥‥‥‥‥‥‥‥‥‥	3个
萝卜苗‥‥‥‥‥‥‥‥‥‥‥‥‥‥‥‥‥‥	1/3袋
紫苏花穗‥‥‥‥‥‥‥‥‥‥‥‥‥‥‥‥‥	适量
芥末酱‥‥‥‥‥‥‥‥‥‥‥‥‥‥‥‥‥‥	适量

通过敲打可以制作出"拍松"这种技法带来的特别味道。用刀的侧面仔细敲打，可以使鱼肉更入味。

穿签的方法

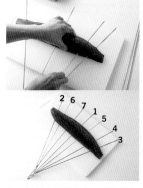

将金属扦穿成放射状，手握的部分合在一起。金属扦先后在中央、两端、中央和两端之间穿入，这样容易掌握平衡。而且穿入靠近下侧（鱼皮侧）的部位要比穿过鱼肉的中央拿在手里时更稳。

● 炙烤鲣鱼

1 金属扦呈放射状穿入鲣鱼中，再在鱼的两面撒上盐。

2 步骤1的带皮侧朝下，用大火炙烤鱼皮。

3 待鱼皮稍稍变焦，发出嗞嗞的声音后翻到反面，迅速烘烤另一面。然后立刻将鱼浸入冰水中，抽出金属扦后擦干水。

● 制作柠檬果醋

4 将清酒倒入耐热的容器里，无需敷上保鲜膜，放入微波炉中加热30秒，使酒精挥发。

5 将制作柠檬果醋剩余的材料与步骤4混合。

● 拍松

6 佐料中的茗荷、绿紫苏、生姜切碎，小葱切成细圈。

7 步骤3的鲣鱼用平切※的方法切成宽7~8mm的块状。

8 步骤6的作料全部放到步骤7的鱼皮上，浇上少许柠檬果醋，用刀的侧面轻拍，使其入味。

9 用保鲜膜包住步骤8，放入冰箱中冷藏。

● 完成

10 小洋葱切成薄薄的圆片，放入水中浸泡，然后再滤干水。萝卜苗去根后切成两段。

11 将步骤10铺到盘子里，再盛上步骤9，撒上紫苏花穗，放上芥末酱。剩余的柠檬果醋倒入其他的容器里。

※鲣鱼的"上身"是指经过节切之后，去除血块与小刺的鱼肉。节切是将鱼切为背部2块、腹部2块、中骨1块，一共5块的切鱼方法。切好的部分可以称为"节"，背部的鱼肉是"背身"，腹部的鱼肉是"腹身"。

※"平切"是指鱼皮朝上，按照外高内低（鱼肉较厚的一侧置于外侧）的方法放好，然后用刀锋切入鱼肉，向下笔直切断的方法。切好之后不要移动鱼片，直接切下一片即可。

腌金枪鱼

腌金枪鱼除了可以直接切开食用之外，还可以做成盖饭、山药泥、沙拉等美味佳肴。腌制1天的口感更像刺身，腌制4~5天后味道更浓郁，可按个人的喜好选择不同的口味。

材料（4~6人份）

金枪鱼（红肉刺身）······························ 1块（150g）

混合酱油

清酒 ··································	5大匙
味醂 ··································	1大匙
酱油 ··································	2½大匙
姜汁 ··································	1小匙

混合配料

黄瓜 ··································	1/2根
生菜 ··································	1片
红彩椒 ································	少许

金枪鱼非常容易熟，将其放在倾斜的砧板上，浇上热水即可。记得用加厚的厨房用纸包住，防止鱼肉烫过头。

鱼肉表面变白之后，马上放入冰水中冷却，防止余热渗入鱼肉中，这样才能保持中间半熟的状态。

给鱼肉盖上一张加厚的厨房用纸，这样可以使鱼肉腌得更均匀。

● **准备金枪鱼**

1 用加厚的厨房用纸包住金枪鱼，浇上热水。表面变白后立刻放入冰水中，然后再擦干水。

● **腌制**

2 制作混合酱油的材料倒入烤盘中，将步骤1浸入其中。在鱼肉上盖上一张加厚的厨房用纸，再浇上混合酱油后，送到冰箱里冷藏，至少放置一晚。

● **完成**

3 将蔬菜全部切成细丝，再浸到水里，混合后滤干。

4 擦干金枪鱼的水，切成宽5~8mm的块状，盛到盘子里，放上步骤**3**。

蒸物

茶碗蒸

　　茶碗蒸的主要食材是鸡蛋，吃起来柔软细滑，还散发着昆布的香味。这样一份茶碗蒸，简直是极品美味！

若放入的昆布高汤太多，蛋液不会凝固，放的太少口感又会偏硬。选用1个大号鸡蛋，搭配1杯昆布汤，蒸出的软硬度恰到好处。

材料（2人份）

蛋液

鸡蛋（大） …………………………………………	1个
昆布高汤的第一道汤汁（参照P.6）……………	1杯
清酒 …………………………………………………	2小匙
味醂 …………………………………………………	1小匙
盐、淡口酱油 ……………………………………	各1/4小匙
鸡腿肉………………………………………………	30g
香菇…………………………………………………	1朵
鸭儿芹………………………………………………	2根

用细密的滤网过滤，可以将蛋白切碎，制作出口感细腻的茶碗蒸。

若放置时间过久，蛋液和昆布高汤就会分离。所以要在蒸之前再制作蛋液，并慢慢注入碗中，然后立刻放到锅里蒸。

将碗加热至80℃最为理想。将蒸锅的锅盖稍微揭开一点，释放出一些蒸汽，以免温度上升得太高，碗过热。

● 准备配料

1　鸡肉削成薄片，用热水烫一下。然后浸入凉水中，再滤干。

2　香菇去柄后切成薄片。

3　步骤**1**、**2**先放入碗中。

● 制作蛋液

4　清酒和味醂倒入耐热容器中，无需敷上保鲜膜，用微波炉加热30秒，使酒精挥发。

5　在步骤**4**中加入盐，溶解后再加入淡口酱油，最后加入昆布高汤。

6　鸡蛋搅匀后，加入步骤**5**中，再用细密的滤网过滤。

● 蒸

7　将蛋液倒入步骤**3**中，把碗放到透气性较好的蒸锅里，用大火蒸。

8　蒸1~2分钟后调至小火，将锅盖稍微揭开一点，再蒸15~20分钟。用竹扦在中心扎一下，如果汤汁不再混浊即可将碗取出。

● 完成

9　将鸭儿芹的茎叶在热水里烫一下，轻轻打结后放到步骤**8**上。

芜菁蒸

这是一道用口感微甜的芜菁与黏稠的馅料烹制出的味道独特的京都料理。尽量选用圣护院的芜菁，但是小芜菁的味道也不错。

加入蛋白后，可以让芜菁变白且凝结在一起。加入盐的蛋白还能起到预先调味的作用。

材料（2~3人份）

圣护院芜菁	1/8个
（或是小芜菁	2~3个较大的）
蛋白	1/2个份
木耳	1小朵
甘鲷	2块（50g×2）
白果	8颗
百合	8片

汤汁

昆布高汤的第一道汤汁（参照P.6）	3/4杯
清酒	1大匙
味醂	1/2大匙
盐	少许
淡口酱油	2/3小匙
葛粉溶液	1大匙葛粉+2大匙水
盐	适量
芥末	适量

在昆布高汤充分煮沸后再加入葛粉熔液。慢慢注入葛粉熔液的同时搅拌汤汁，这样可以避免葛粉洁块。

制作汤汁时若加热不充分，汤汁会混浊。因此待汤汁变黏稠之后，要继续加热煮沸，直至汤汁完全变成透明状。

● 准备材料

1 木耳在水里浸泡30分钟后取出，切掉较硬的部分，再切成丝后快速焯一下，然后倒到滤网中滤掉水。

2 划开白果壳，剥掉果壳。在热水中加入少许盐，再放入白果煮。煮的时候用漏勺的背面与白果的表面来回摩擦，以便在水中去掉皮。将百合瓣较脏的部分切掉后放入盐水中煮一下，然后放入清水中洗去盐分，再滤干水。

3 甘鲷撒上少许盐，腌渍10分钟。然后浇上80℃左右的热水，再擦干水。

4 芜菁去皮时可以稍微去厚一些，然后磨碎（如果用的是小芜菁，其本身含有的水分较多，可以先稍微挤出一部分水）。

5 蛋白里加入1小撮盐，搅拌至发白的状态。然后倒入步骤4中混合。再加入木耳并快速搅拌。

● 蒸

6 将步骤3、2放到碗里，浇上步骤5。

7 选用透气性较好的蒸锅，放入步骤6后用大火蒸6~7分钟。

● 制作汤汁

8 昆布高汤倒入锅里，用中火加热。再加入清酒、味醂、盐和淡口酱油。

9 煮沸后一边搅拌汤汁，一边慢慢倒入葛粉溶液，汤汁变黏稠后再度加热煮沸。

● 完成

10 将步骤9的汤汁倒入步骤7中，再放上芥末。

※甘鲷的"上身"是指鱼头朝左摆放时，将鱼切成上、中、下三片，取出腹骨和小刺的上片鱼肉。可以按照个人的口味用其他白身鱼刺身（肉是白色的鱼刺身）代替。

这是一道用酒制作的简单蒸菜。蛤蜊的味道自然不用说，含有精华的汤汁也不要剩下哦！

酒蒸蛤蜊

材料（2人份）

蛤蜊	1袋（300g）
生姜（切薄片）	2片
昆布	5g
清酒	2大匙
盐	适量
小葱（切细圈）	1根

在明亮、嘈杂的环境中，蛤蜊壳会紧紧地闭合。可以用铝箔遮住光，再将蛤蜊放在安静的地方，使其吐出细沙。

● **让蛤蜊吐沙**

1 将蛤蜊放到烤盘里，浸泡在2%~3%的盐水（2杯水+1½小匙盐）里，水量以可以稍微露出蛤蜊壳为宜。用铝箔盖住，在安静的地方放置30~40分钟，使其吐出细沙。

2 取出蛤蜊，壳与壳相互摩擦，洗干净后滤干水。

● **蒸**

3 昆布铺到锅底，放上步骤**2**与生姜，再洒上清酒。盖紧锅盖，用大火蒸2~3分钟，直至蛤蜊壳打开。

● **完成**

4 将蛤蜊盛到盘子里，浇上蒸汁，撒上小葱。

蒸金目鲷

这是一道将所有食材放入碗中，蒸好即可的简单料理。它没有多余的味道，用简单的方法做，目的就在于品尝食材的原味。除了金目鲷之外，还可以尝试一下鲷鱼、甘鲷、鲅鱼、带鱼等，它们都很美味！

材料（2人份）

金目鲷（块状）	2块
绢豆腐	1/8块（约40g）
香菇	2朵
茼蒿	2棵
清酒	2大匙
昆布	5g
盐	少许
萝卜泥、辣椒粉	各适量
细葱（切成细圈）	2根
柚子汁、酱油	各1大匙

用两个一人份的碗盛放食材。每个碗底都放上昆布，蒸的时候，昆布的香味会沁入到所有食材中。

● 准备材料

1　将金目鲷撒上盐，腌10分钟。再在鱼皮上划出切口。

2　步骤1放入碗中，注入80℃左右的热水焯一下。鱼肉表面变白后，立刻掉出水并擦干。

3　豆腐切成两半，香菇去柄后切出装饰的花纹。摘下茼蒿叶，切成适口的大小。

● 蒸

4　昆布切成两半，分别放到两个碗的底部。然后在昆布上放上金目鲷、豆腐、香菇，再洒上酒。

5　选用透气性较好的蒸锅，将步骤4放入其中，用大火蒸5分钟。

6　茼蒿放入步骤5中，再蒸2分钟，使茼蒿熟透。

● 完成

7　将萝卜泥与辣椒粉混合，放到步骤6上，再撒上细葱。最后将柚子汁与酱油混合，浇到碗里。

※ "焯"是指迅速用热水过一下，仅表面受热。水太热容易烫过头，80℃左右即可。

小食

凉拌菠菜

拌菜是将食材浸在调味汁中的烹调方法。单纯地浇入酱油并不是"拌菜",制作时要先挤干水分再浸入调味汁,才能更入味。

材料(2人份)

菠菜·· 1把(200g)
调味汁
  昆布高汤 ··· 3/4杯
  清酒 ·· 1大匙
  味醂 ·· 1/2大匙
  酱油 ·· 2小匙
干鲣鱼屑(细丝)······································· 适量

1

将菠菜的根部划上十字形切口,有助于均匀地煮熟菠菜。

2

锅里倒入大量的水,煮沸后先将难熟的根部放入其中。根部变软后再将所有菠菜放入水里。

3

上下翻动所有菠菜,再次煮沸。这里必须煮沸,不然会留下涩味。

4

再次煮沸后,捞出菠菜放入冰水中,静置5分钟。瞬间冷却后,菠菜颜色会更鲜艳,而且余热不会渗透到叶子内部,菠菜会更有嚼劲。

5

挤干水分。用手握紧菠菜,根部向上,从根部往叶子方向挤干水分。

● 制作调味汁

1 将清酒和味醂倒入耐热容器中,无需敷上保鲜膜,用微波炉加热30秒煮开。

2 将步骤1与酱油加入昆布高汤中混合。

● 煮菠菜,再浸入调味汁中

3 按照右上方的方法煮菠菜,挤干水后切成3cm的长段,然后放入调味汁中浸泡5~10分钟。

● 完成

4 将菠菜盛到小钵里,浇上调味汁。最后撒上干鲣鱼屑。

将煮过的菠菜在调味汁里浸泡一会儿可以更入味。参考时间为5~20分钟,时间过长会影响菠菜的色泽。

煮酒与煮味醂

味醂与清酒煮沸后,使酒蒸发的过程可以称之为"煮开"。将酒煮开时是"煮酒",将味醂煮开时则是"煮味醂"。若量少,用微波炉加热就可以。煮开不仅能去除涩味,还能让酒和味醂的味道更醇厚。煮开前后的味道有天壤之别。

芝麻拌扁豆

这道用芝麻酱制作的凉菜清新美味，品相也相当不错。扁豆煮软之后与芝麻拌在一起，散发出的芝麻香与醇厚的口感都令人回味无穷。

材料（2人份）

扁豆 ·· 14~15根
调料
| 白芝麻酱 ···································· 2大匙
| 清酒 ··· 2小匙
| 味醂 ··· 1小匙
| 酱油 ··· 稍多于1小匙
芝麻仁 ·· 适量

为了保留扁豆的醇味，先将整颗扁豆放入热水中煮，然后再切。煮软之后，用冰水使扁豆快速降温，可以让绿色更鲜亮。

先炒香再捣碎的芝麻，味道无与伦比！

炒法

锅里放入一些芝麻仁，刚好可以盖住锅底的量即可。用小火慢慢炒香，同时不停地晃动锅，以免炒焦。当芝麻开始膨胀，在锅里翻腾时便可关火。用指尖捻一下，也可以简单地压碎。

研磨方法

在蒜臼的下面放一块湿毛巾，使其更稳。将炒热的芝麻倒入蒜臼里，用木头捣锤像画圆一样将芝麻捣碎，刚炒好的芝麻立刻会散发出诱人的香味。

● 准备扁豆

1 将扁豆放入热水中煮3~5分钟，变软后捞出来放到冰水里降温。
2 待扁豆完全冷却后滤干水，再将其斜着切开。

● 捣碎芝麻

3 芝麻仁炒香后倒入蒜臼中，大致捣碎。

● 制作调料

4 将清酒和味醂倒入耐热容器中，无需敷上保鲜膜，用微波炉加热30秒煮开。
5 将步骤4加入芝麻酱中，搅拌顺滑后再与酱油混合。

● 完成

6 将切好的扁豆加入步骤5中，搅拌均匀后盛到小钵里，最后撒上步骤3的芝麻。

芝麻仁与水洗芝麻

"芝麻仁"也称"脱皮芝麻"，是由生的白芝麻脱皮干燥而成。它没有经过炒熟的工序，可以根据喜好炒香后使用。还有一种与其类似的"水洗芝麻"，则是由生芝麻带皮清洗干燥之后制作而成。与水洗芝麻相比，芝麻仁没有杂味，颜色更白，味道更佳。

凉拌香葱扇贝

　　这道由贝类、蔬菜与芥末醋味噌混合而成的"凉拌菜"，是略微奢华的小食。将白味噌酱与芥末的味道充分融合，便做出了这道色香味俱佳的料理。

材料（2人份）

冬葱	2根
扇贝	2个
芥末醋味噌	
白味噌酱（参照左下方）	右下方做法分量的1/2
米醋	1/2小匙
芥末酱	少许
盐、醋	各适量

若直接煮冬葱，中空叶子里的空气膨胀后，容易导致叶子破裂。所以先将叶子尖摘下来，再把根部先放入热水中。

煮好后不用把冬葱浸到凉水中，直接将其放到滤网上滤干水，再撒上盐，使其绿色更鲜艳。

叶子内部黏液的味道比较重，要用刀背从根部向叶子尖端将黏液挤压出来。

将扇贝放入含有少许盐的醋水中，轻揉后快速洗净。"醋洗"能除去扇贝的腥味和水，更容易与醋味噌融合。

● 准备材料

1　先摘下冬葱的叶子，用热水煮过后滤干，撒上少许盐，再放置冷却。

2　用刀背挤压出冬葱叶子中的黏液，再切成3cm的长段。

3　扇贝切成适口的大小，用含有少许盐的醋水（1：1）快速清洗后滤干。

● 制作芥末醋味噌

4　将米醋与芥末酱加入白味噌酱中混合均匀。

● 完成

5　将步骤2、3盛到小钵里，再浇上步骤4。

白味噌酱的制作方法

材料（适量）

西京味噌	不到3大匙（50g）
蛋黄	1个
清酒	2大匙
味醂	1大匙

制作方法

1　将所有材料倒入小锅中，混合成细滑状，然后用小火加热搅拌至蛋黄酱的状态。

2　放凉后，用细密的滤网过滤即可。

※它可以在冰箱中保存两星期，也可以冷冻。用不完的部分留存下来，可与煮萝卜和烤串搭配食用。

醋腌黄瓜裙带菜

这道料理要用『板磨』的方法处理黄瓜，再撒上些许盐；裙带菜泡出颜色后再去掉茎柄。这道料理用的食材简单，但准备的工序丝毫不简单。

材料（2人份）

黄瓜……………………………………………1根
裙带菜（腌制）……………………………… 8g
混合醋
　清酒、味醂、淡口酱油 ………………各1/2小匙
　盐 ………………………………………1小撮
　昆布高汤 ………………………………2大匙
　米醋 ………………………………………1小匙
　姜汁 ………………………………………适量
盐………………………………………………适量
姜末……………………………………………适量

将黄瓜放到砧板上，撒上少许盐，再用手掌压住的同时前后滚动，此方法称为"板磨"。这样处理过的黄瓜，颜色更鲜艳，而且还能去除涩味。

用热水泡过的裙带菜，绿色更鲜艳。然后切掉较硬的茎柄，使裙带菜的口感更软滑。

● 准备黄瓜

1　将用板磨的方法处理后的黄瓜用水洗干净，然后纵向切成两半，再斜着切成薄片。

2　将切好的黄瓜片在盐水（1杯水+1/2小匙）中浸泡10分钟，变软后用水洗掉盐分，再挤干水。

● 准备裙带菜

3　裙带菜在水中浸泡10分钟后取出。

4　滤干步骤3的水，放入碗中后倒入热水。裙带菜变绿后立刻将其浸入冰水中，然后滤干水。去掉较硬的茎柄后切成适口的大小。

● 制作混合醋

5　将清酒和味醂倒入耐热的容器中，无需敷上保鲜膜，用微波炉加热10秒钟煮干。

6　在步骤5中加入盐，待盐溶化后再与制作混合醋的其他材料混合。

● 完成

7　步骤2、4混合后用混合醋拌匀，盛到盘子里，放上姜末。

※"盐水"是用1杯水与1/2~1小匙的盐混合而成。这样比直接在黄瓜片上撒盐味道更均匀，而且放置一段时间后也不会过咸。

混合醋的今昔

提到醋腌凉菜用的混合醋，通常都是由"酱油与醋"和"料酒、酱油与醋"等混合而成。无论哪种都是将调味料混合，做出酸味十足，味道浓郁的酱汁。而现在则还会加入煮酒、昆布高汤等。这里介绍的几种混合醋都适合搭配蔬菜、鱼类、贝类，记住一种即可。

腌白菜条

这是一道和沙拉一样，会让人忍不住吃很多的腌菜。将白菜与盐揉在一起，混合均匀放置一晚食后是用的最佳时间。利用烤盘就可轻松完成！

材料（2人份）

白菜……………………………………	1/8棵
昆布……………………………………	2g
红辣椒…………………………………	1小个
盐………………………………………	适量

将食材切碎再进行腌制时，利用深烤盘会更简单。把两个同样的烤盘重叠在一起，再用皮筋勒紧，这种方法可以代替重物进行快速腌制，第二天便可食用。

● 切白菜

1 将白菜去芯，切成宽1cm的条状。

2 昆布切成两半，红辣椒去籽。

● 腌制

3 称一下步骤**1**的重量，放入碗中。加入重量相当于白菜1%的盐，用手混合均匀，腌渍一段时间后白菜会变软，变软之后再揉一下。

4 将一半昆布放入深烤盘中，然后再倒入步骤**3**。再将剩余的昆布放入白菜中，接着放上红辣椒。

5 把另一个深烤盘压在步骤**4**上，用皮筋勒紧，放入冰箱中，至少放置一晚上。

● 完成

6 挤干白菜的水，盛到小碗里，红辣椒切成细圈状，放到上面。

水菜浸煮豆腐

浸煮换言之就是在一个锅里制作的拌菜。这里用的食材都可以在短时间内用汤汁煮透，浸泡在汤汁里可以让它们更入味。

材料（2人份）

水菜…………………………… 1/2把（100g）

日本油豆腐………………………………… 1/3块

汤汁

　昆布高汤 …………………………………1杯

　生姜（切成薄片）………………………2片

　清酒 ……………………………………1大匙

　味醂 …………………………………1/2大匙

　盐 ……………………………………1/4小匙

　淡口酱油 …………………… 稍多于1/2小匙

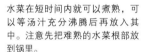

水菜在短时间内就可以煮熟，可以等汤汁充分沸腾后再放入其中。注意先把难熟的水菜根部放到锅里。

放入全部的水菜之后，一边煮一边不停地上下翻动，这样可以让水菜受热更均匀，熟得更快。

● **准备材料**

1　将水菜去根后切成3cm的长段。

2　油豆腐滤油后切成长3cm的细丝。

● **煮**

3　将制作汤汁的材料倒入锅中，混合后用中火煮沸，然后加入步骤**2**。再次煮沸后先把水菜的根部放入锅里，根部煮熟后再放入全部水菜，然后一边煮，一边上下翻动。

4　水菜变软后关火，浸泡至余热散去，这样可使食材更入味。

● **完成**

5　将水菜和油豆腐盛到碗里，再浇上汤汁。

※ "滤油"可以去掉多余的油，减少菜的油腻感，而且豆腐会更容易入味。油豆腐浸在热水中后，会有油浮起，倒掉热水后再用加厚的厨房用纸紧压豆腐，去掉多余的油。

香醇豆腐渣

这道料理的制作过程稍微有些繁琐，但绝不复杂。制作的关键在于要花时间炒干豆腐渣，再慢慢炖煮。

材料（4~5人份）

生豆腐渣（过滤）	2杯	昆布高汤	适量
干香菇	2朵	清酒、味醂	各2大匙
牛蒡	1/4根	淡口酱油	1大匙
胡萝卜	1/4根	小葱（切成细圈）	2根
魔芋	1/6块（50g）		
生姜	1片		
鸡蛋	1个		
芝麻油	1大匙		

如果豆腐渣中含有水分，就不容易吸收昆布高汤，所以一开始要将其炒干。

● 准备配料

1 将干香菇浸泡在水中，泡开后滤干水，再随意切碎（参照P.38）。将泡香菇的水加入昆布高汤中，取出1/2杯。

2 将牛蒡、胡萝卜、魔芋随意切碎。再将切好的牛蒡用水快速地洗一下。切好的魔芋用水煮过后再滤干水。生姜切碎。

● 烹煮

3 芝麻油和生姜倒入锅中加热。芝麻油散发出香气后倒入豆腐渣翻炒。炒干后加入牛蒡、胡萝卜、魔芋，并翻炒均匀。

4 将香菇与步骤1中取出的1/2杯水倒入步骤3中，再加入清酒。煮沸后调至小火再煮10分钟。

5 在步骤4中加入味醂，煮10分钟。接着加入淡口酱油，继续煮15分钟。记得要时而搅拌一下。

6 用木勺搅拌，汤汁快煮干时加入打匀的蛋液并迅速混合。

● 完成

7 将小葱撒到步骤6上，混匀后盛到盘子里。

※干香菇在低温的状态下泡一晚，味道会更浓。可以在密封袋中注入水，放入香菇后尽量排出空气，封好后放入冰箱冷藏。

五目豆

煮大豆的汤汁营养美味。市面上也可以买到做好的蒸豆，但是用干燥的豆子泡发后煮出的汤汁味道更佳。

材料（4~5人份）

大豆（干燥）………… 3/4杯（100g）		荷兰豆…………………………… 5~6个	
干香菇…………………………… 2小朵		清酒…………………………… 2大匙	
昆布（真昆布、罗臼昆布等）……… 7g		味醂…………………………… 3大匙	
胡萝卜…………………………… 1/4根		淡口酱油……………………… 1大匙	
魔芋………………… 1/4大块（80g）		盐…………………………………… 适量	

若大豆浮在水面，表皮就容易变干，致使口感变硬，豆粒变色。因此炖煮、冷却大豆时都要盖上小木盖。

● 泡豆、炖煮

1 将大豆用4杯水浸泡一晚。

2 滤干步骤1的水，放入锅中。再重新加入4杯水，用大火加热。开始沸腾时用力搅拌，再撇去浮沫，煮一会儿之后调成小火，盖上小木盖再煮1个小时。挑一颗尝一下，豆子完全变软后即可关火冷却。

● 准备配料

3 分别用水浸泡干香菇、昆布，然后切成边长1cm的块状。泡香菇、昆布的水先留下来。

4 胡萝卜、魔芋切成边长1cm的块状。魔芋先煮一下再滤干水。

● 煮

5 将步骤3泡香菇、昆布的水都倒入步骤2中，再将香菇、昆布也倒入其中，并用中火加热。沸腾后撇去浮沫，盖上小木盖，用小火煮30分钟。

6 魔芋与胡萝卜加入步骤5中，混合后再倒入清酒、味醂，煮10分钟。

7 淡口酱油加入步骤6中，再煮10分钟，然后冷却入味。

● 完成

8 荷兰豆用盐水煮一下，再放到清水中洗去盐分。滤干水后切成宽1cm的小块。

9 再次加热步骤7然后揭开小木盖，时而搅拌一下。煮至只剩下少许汤汁。

10 冷却后，加入何兰豆，搅拌均匀后盛到盘子里。

※干香菇在低温的状态下泡一晚，味道会更好。可以在密封袋中注入水，放入香菇后尽量排出空气，封好后放入冰箱冷藏。

甘煮金时豆

这是一款从古至今都备受人们喜爱的美味，适合搭配上白糖。如果使用白砂糖，味道会更清新爽口，这两种糖类都非常推荐。

材料（4~6人份）

金时豆（干燥）...................... 不到1杯（150g）
白砂糖.. 150g

※使用上白糖时，用量多于1杯。使用白砂糖时，用量少于1杯。

将金时豆泡开后放入锅中，煮至汤汁呈红色，撇掉浮沫后倒入滤网中滤掉水。再用水清洗，使豆子的颜色不再混浊，而且还能去除涩味。

如果一次性倒入过多的砂糖，砂糖很容易结块，无法渗入到豆子里。但若分两次倒入，砂糖便可慢慢与豆子融合。

● 浸泡豆子，煮过后滤干

1 金时豆用5杯水浸泡一晚。

2 滤干步骤**1**的水，倒入锅中后再重新加入5杯水，然后用大火加热。煮沸后调小火力，再煮10分钟。煮至汤汁变成红色后，将豆子倒入滤网中，再用水清洗干净。

● 煮

3 锅洗干净后倒入步骤**2**，重新加入3½杯水，再用大火加热。煮沸后撇去浮沫，盖上锅盖，调节火候保持轻度沸腾的状态煮1小时，直至豆子完全变软。

4 将2/3的砂糖加入步骤**3**中，煮30分钟，再加入剩余的砂糖，继续煮30分钟。

5 揭开锅盖，煮至汤汁变成蜜汁状。

煮羊栖菜

多吃海藻类对身体有益，它是我家饭桌上的常备菜。这道煮羊栖菜是甜辣口味，可以存放在冰箱里随时食用，十分方便。

材料（3~4人份）

长羊栖菜（干燥）· ·	30g
日式油豆腐· ·	2/3块
芝麻油· ·	2小匙
昆布高汤· ·	1大杯（220mL）
清酒· ·	2大匙
砂糖· ·	1小匙
味醂· ·	4½大匙
酱油· ·	1½大匙

清洗羊栖菜时要多换几次水。将羊栖菜放到滤网里，清洗时轻轻揉捏，可以去除细小的杂质。

将羊栖菜的水分充分炒干会更入味。待水分蒸发的声音越来越小，海腥味渐渐散去后就说明炒干了。

● **准备材料**

1 羊栖菜在水中浸泡20分钟后取出，再换2~3次水洗干净，然后切成适口的长度。

2 油豆腐滤油后切成长3cm的细丝。

● **烹煮**

3 芝麻油倒入锅中加热后，加入羊栖菜用中火翻炒，炒干后再加入步骤**2**，继续炒至所有食材与油混合均匀。

4 将昆布高汤加入步骤**3**中，盖上锅盖，沸腾后再加入清酒、砂糖、味醂。再次沸腾后调至小火，控制好火候，保持轻度沸腾的状态煮10分钟。

5 在步骤**4**中加入酱油，揭开锅盖，时而搅拌一下，煮至汤汁基本变干。

※ "滤油"可以去掉多余的油，减少菜的油腻感，而且豆腐会更容易入味。油豆腐浸在热水中后，会有油浮起，倒掉热水后再用加厚的厨房用纸紧压豆腐，去掉多余的油。

煮萝卜干

这道煮萝卜干的甘甜味让人很惊喜,秘诀在于泡发的方法:用少量的水泡发萝卜干,就不会冲淡萝卜的甜味。这道料理口味清淡,让人百吃不腻。

材料(4~6人份)

萝卜干(干燥)	15g
日本油豆腐	1/2块
荷兰豆	3~4个
生姜	1/2片
芝麻油	1小匙
昆布高汤	1杯
清酒	2大匙
味醂	1大匙
淡口酱油	1/2大匙
盐	适量

如果直接将萝卜干在水里泡开会冲淡萝卜的味道。要用水洗干净后稍微滤干水,再利用表面残留的水分泡开萝卜。

煮的时间过长会让萝卜丧失应有的味道,因此步骤2要在煮沸后马上过滤,并放在一旁使萝卜散去其他气味。

● 准备材料

1 萝卜干用水洗净后大致滤掉水,放置5分钟,泡开萝卜。

2 挤出步骤1的水后倒入热水中,快速煮一下后再滤干。

3 油豆腐滤油后切成宽3mm的细丝。荷兰豆去筋,经盐水煮过之后再用水洗去盐分,然后切成细丝。生姜也切成细丝。

● 烹煮

4 将芝麻油与生姜倒入锅中,用小火加热,香味散发出来后加入油豆腐,用中火翻炒。

5 萝卜干加入步骤4中,炒至所有食材与油混合均匀。接着加入昆布高汤和清酒,盖上锅盖。

6 煮沸后调至小火,控制好火候,在轻度沸腾的状态下煮10分钟。然后加入味醂,煮5分钟。接着加入淡口酱油,再煮5分钟。

7 煮至锅底剩下少许的汤汁后关火,加入荷兰豆,搅拌均匀。

※"滤油"可以去掉多余的油,减少菜的油腻感,而且豆腐会更容易入味。油豆腐浸在热水中后,会有油浮起,倒掉热水后再用加厚的厨房用纸紧压豆腐,去掉多余的油。

干炖南瓜

味道香甜的南瓜是小朋友们的最爱。南瓜煮过之后颜色鲜艳、入口即化。它不仅可以作为日常的菜品食用，还可以当做零食。

材料（3~4人份）

南瓜 ························· 1/4个（350~400g）
生姜（切薄片）··············· 2~3片
汤汁
　昆布高汤 ·····················1杯
　清酒 ·······················2大匙
　味醂 ·······················3大匙
　盐 ·······················1/4小匙
　淡口酱油 ····················2小匙

若汤汁过多，南瓜就很容易煮烂。注意要将南瓜带皮的一侧朝下，整齐地摆放在锅底，按照食谱中的比例加入汤汁。

● **准备南瓜**

1 取出南瓜的籽和瓤，切成适口的大小，切的稍微大　些也无妨。将南瓜棱角刮圆，去掉一些皮。

● **煮**

2 将南瓜带皮的一侧朝下，整齐地放入锅里，加入制作汤汁的材料和生姜。盖上锅盖后用较强的中火加热，煮沸后撇去浮沫，调至小火。控制好火候，在轻度沸腾的状态下煮10分钟。

3 南瓜煮透后揭开锅盖，时而往南瓜上浇一下汤汁，继续煮7~8分钟。

4 最后调至大火，煮至锅底剩下少许汤汁为止。

※ "刮圆"是指将蔬菜的棱角切掉、削薄，这样处理后，蔬菜不容易煮烂。

清炖日本南瓜

日本南瓜的水分较多，口感清新水润。与干炖相比，清炖南瓜的味道偏淡，含有汤汁的清炖做法更能突出日本南瓜的原味。

材料（2~3人份）

日本南瓜··························	1/2个（300~450g）
生姜（切成薄片）················	2~3片
昆布高汤·························	2½杯
清酒·····························	2大匙
味醂·····························	5大匙
盐·······························	不到2/3小匙
淡口酱油·························	2小匙

倒入较多的汤汁，没过南瓜。在冷却的过程中，南瓜会更入味，因此关键在于要将南瓜充分静置冷却。

● 准备南瓜

1 取出日本南瓜的籽和瓤，切成适口的大小，切的稍微大一些也无妨。将南瓜的棱角刮圆，去掉一些皮。

● 煮

2 将南瓜带皮的一侧朝下，整齐地放入锅里，加入昆布高汤。盖上锅盖后用中火加热，煮沸后撇去浮沫，再加入清酒和味醂。控制好火候，在轻度沸腾的状态下煮10分钟。

3 在步骤2中加入盐和淡口酱油，再煮10分钟，然后冷却入味。

● 完成

4 揭开锅盖，再次用火加热，然后盛到盘子里，浇上汤汁。

※ "刮圆"是指将蔬菜的棱角切掉、削薄。这样处理后，蔬菜不容易煮烂。

烧茄子

烧茄子的口感细腻微甜。无论是刚烧好的还是完全放凉的茄子，都别有一番风味。

材料（2人份）

茄子	2个
调味酱油	
清酒	1/2大匙
酱油	1/2大匙
姜末	适量
茗荷	2/3个
绿紫苏	1片

烤前在茄子上划出切口，可以防止茄子裂开。先纵向划出一条浅浅的切口。

茄子冷却之后不易去皮，烤好后可以将手浸到冷水中降温，再趁热撕下茄子皮。

● 烧茄子

1 先在茄子皮上纵向划出一条切口，再将茄子放到预热好的烤鱼架上，用大火烤至切口绽开，茄子变软。

2 用筷子压一下茄子，如果变软了便可从烤鱼架上取下来，再趁热撕下茄皮。

● 制作调味酱油

3 将清酒倒入耐热的容器中，无需敷上保鲜膜，用微波炉加热15秒，再与酱油混合。

● 完成

4 切掉茄子的蒂，纵向8等分切开后再横向切成两半。茗荷、绿紫苏切碎。

5 将茄子盛到盘子里，放上姜末、茗荷和绿紫苏，浇上步骤3。

※使用两面烧烤架进行烘烤时，以8~10分钟为参考时间。使用上火式烧烤架时，以10~12分钟为参考时间，中间需要给茄子翻面。

材料（2人份）

石川芋头…………………………………………………… 6个
符合个人口味的盐………………………………………………适量

● 蒸石川芋头

1　将与母芋头相连的石川芋头切掉。
2　将芋头切口朝上，整齐地放入透气性较好的蒸锅里。用大火
　　蒸20分钟，直至芋头变软。

● 完成

3　将芋头盛到盘子里，撒上盐。撕去皮后即可食用。

这里用的石川芋头是指大的母芋头上增生出的小芋头。把与母芋头相连的石川芋头一刀切掉，可以稍微切厚一些。石川芋头的顶端不要切开。

香糯芋头

香糯芋头的做法非常简单，将小芋头连皮蒸熟之后撒上盐即可。盐可以衬托出芋头的醇味，一定要选择自己喜欢的风味。

汤

豆腐裙带菜味噌汤

若将汤完全煮沸，味噌便会失去应有的味道。味噌汤的最佳食用时间在『刚冒泡的时候』。所以要把味噌迅速地溶于汤中，在沸腾之前就倒入碗里。

材料（2人份）

豆腐	1/3块（100g）
裙带菜（泡开）	20g
昆布高汤	1½杯
味噌	1⅓大匙
小葱（切成细圈）	适量

过度加热会使豆腐的水被析出，豆腐味道变淡。当豆腐浮起来之后，便可以迅速放入味噌，将其溶解。

● 准备材料

1 将裙带菜浸泡在热水中，颜色变成鲜嫩的绿色后立刻放到冰水里，然后再滤干水。

2 去掉步骤1的茎柄，其他部分切成适口的大小。

3 豆腐切成边长1cm的块状。

● 煮

4 将昆布高汤倒入锅中，用中火加热，然后放入豆腐。

5 豆腐慢慢浮起来之后，加入味噌。待味噌溶解后再放入裙带菜，在汤汁将要沸腾之前关火。

● 完成

6 将煮到刚刚冒泡的味噌汤倒入碗中，撒上小葱。

※最好使用两种颜色、用不同种麴发酵的味噌混合而成。

蚬贝酱汤

对于这道蚬贝酱汤，与其说是吃蚬贝，不如说是喝汤。制作的关键在于要用小火慢煮，让蚬贝的精华融入到汤汁中，直至汤汁变得白浊。

材料（2人份）

蚬贝	1袋（200~220g）
昆布	3g
水	2杯
赤味噌	1⅔大匙
山椒粉	适量

将蚬贝放入水中加热，用小火煮至汤汁变白浊。

● 清洗蚬贝

1 蚬贝的壳与壳相互摩擦，将其洗干净。

● 煮

2 将昆布与步骤**1**放到锅里，加入2杯水，用小火加热。汤汁变白浊之后，撇去浮沫，加入味噌溶解。在汤汁将要沸腾前关火。

● 完成

4 将煮到刚刚冒泡的味噌汤倒入碗中，撒上山椒粉。

猪肉汤

这是一道分量十足，配料丰富的靓汤。将刚刚煮沸的猪肉汤盛到碗里，看上去就让人食欲大增。

材料（2人份）

猪五花肉薄片	35g
胡萝卜	3cm长的1段
牛蒡	10cm长的1段
香菇	2朵
魔芋	1/6块（50g）
芋头	2个
昆布高汤	2杯
味噌	不到2大匙
小葱（切成细圈）	适量

五花肉过水的主要目的是除去多余的油和腥味。将肉放入热水中，轻轻搅开，然后捞出来再用水洗净。

● **准备材料**

1 猪肉切成宽1cm的片状。用热水焯一下，然后再洗干净。

2 胡萝卜切成薄薄的半月形，牛蒡斜着切薄片，然后用水清洗。香菇去掉柄后8等分切成扇形。魔芋切成边长2cm的方片（参照P.38），然后用水焯一下再滤干。芋头去皮，然后切成厚5mm圆片。

● **煮**

3 将昆布高汤、胡萝卜、牛蒡、魔芋、芋头放入锅里，用中火加热。煮沸后撇去浮沫，调至小火。再煮3~4分钟，直至煮透蔬菜。

4 将猪肉放到步骤3里，煮沸后加入香菇煮熟。

5 将味噌放到步骤4中溶解。在汤汁将要沸腾之前关火。

● **完成**

6 将煮到刚刚冒泡的味噌汤倒入碗中，撒上小葱。

※最好使用两种颜色、用不同种麹发酵的味噌混合而成。

什锦汤

想要做出清淡鲜美的味道，最好选用根茎类的蔬菜。在寒冷的日子里，在疲倦和食欲不振的时候，这样一碗丰盛的什锦汤暖心又暖胃。

材料（2人份）

木棉豆腐················· 1/4块（75g）	
萝卜····················3cm长的1段	
胡萝卜··················4cm长的1段	A
牛蒡····················8cm长的1段	
魔芋···················· 1/6块（50g）	
芋头··························1个	
芝麻油·····················2小匙	
昆布高汤····················2杯	

清酒 ······················1大匙
味醂 ······················1小匙
盐 ························1小撮
淡口酱油 ···················2小匙
小葱（斜着切） ··············适量

豆腐用芝麻油炒过后散发着芝麻的香味，吃起来味道更醇厚。

● 准备材料

1 将豆腐用加厚的厨房用纸包住，轻轻挤压，滤干水。

2 萝卜切成厚3mm的银杏叶薄片状。牛蒡斜着切薄片后，再用水快速地洗一下。魔芋切成边长2cm的方片（参照P.38），然后用水焯一下再滤干。芋头去皮，切成厚3mm的圆片。

● 烹煮

3 将芝麻油倒入锅里加热。豆腐放在手里切块后放到锅里，再用中火翻炒。

4 豆腐与油混合均匀后，将昆布高汤与步骤2加入其中，煮沸后撇去浮沫，调至小火，再煮3~4分钟，直至煮透蔬菜。

5 将A加入步骤4中，煮沸后关火。

● 完成

6 将步骤5盛到碗里，撒上小葱。

酒糟汤

这道让体内充满暖意的"酒糟汤"，是冬日的一道佳肴。它将各式各样的蔬菜煮到一起，味道清甜温润。

材料（2~3人份）

日式油豆腐	1/3块	昆布高汤	2杯
胡萝卜（或透心红胡萝卜）	25g	酒糟（酱状）	3½大匙（65g）
牛蒡	3cm长的1段	西京味噌	4½大匙
萝卜	30g	盐	适量
魔芋	30g	小葱（斜着切）	适量
芋头	1小个	辣椒粉	适量
香菇	1小朵		

将西京味噌与酒糟混合，不仅可增加汤的盐味，还会带来几分甘甜。操作时注意要慢慢煮才能使酒精挥发。

● 准备材料

1 油豆腐滤油后切成长条。

2 胡萝卜、牛蒡、萝卜、魔芋切成与步骤1大小相当的长条。切好后，牛蒡用水洗一下，魔芋用水焯一下再滤干。芋头也切成与步骤1长度差不多的粗棒状，香菇切成与步骤1宽度相当的丝状。

● 煮

3 将昆布高汤倒入锅里，用中火加热，再加入步骤1、2，煮至蔬菜熟透。

4 将酒糟与味噌倒入步骤3中溶解。冒出热气后用小火再煮10分钟，最后加入盐调味。

● 完成

5 将步骤4盛到碗里，撒上小葱和辣椒粉。

※ "滤油"可以去掉多余的油，减少汤和油腻感，而且豆腐会更容易入味。油豆腐浸在热水中时，会有油浮起，倒掉热水后用加厚的厨房用纸紧压豆腐，去掉多余的油。

鱼丸汤

用昆布高汤煮过的鱼丸，口感细腻，肉质鲜嫩。用料理机可轻松制作出嫩滑的鱼丸料，比想象中简单不少！

材料（3人份）

鱼丸

沙丁鱼	2条
大葱	8~9cm长的1段
生姜	1片
盐	1/5小匙
蛋白	1个
马铃薯淀粉	2大匙

萝卜	1~2cm长的1段
昆布	10g
水	2½杯
清酒、盐	各适量
小葱（斜着切）	适量
辣椒粉	适量

抓一把鱼丸料，大拇指和食指用力挤成球状（如图），再用勺子舀起挤好的鱼丸。

● **制作昆布汤**

1 昆布和2½杯水倒入锅里，煮3小时以上，取昆布汤备用。

● **切萝卜**

2 萝卜去皮，稍微去厚一些。然后切成银杏叶状。

● **制作鱼丸料**

3 沙丁鱼开膛后，去掉头、内脏、中骨、尾巴，再大致切碎。

4 大葱、生姜大致切碎。

5 用料理机将步骤4打碎。步骤3与盐混合后，也加入料理机搅拌至碎末状。

6 依次将蛋白、马铃薯淀粉加入步骤5中，再次用料理机搅拌，做成细腻顺滑的鱼丸料。

● **煮**

7 用中火加热步骤1取出的昆布汤，锅边开始冒小泡后调成小火保温。把步骤6的鱼丸料挤成适口的大小，用勺子舀到锅里。

8 鱼丸浮起来后撇去浮沫，加入步骤2，煮透后再加入盐、清酒调味。

● **完成**

9 将步骤8盛到碗里，撒上小葱和辣椒粉。

船场鱼汤

这是一道诞生于大阪的批发市场——船场的『快手料理』。这道用青花鱼鱼杂做出的鲜汤，与其他的清汤相比，别有一番风味。

材料（2人份）

青花鱼鲜汤

青花鱼鱼杂	1条份
昆布	5g
水	3½杯
清酒	1/2杯
生姜皮	1片

青花鱼鱼肉	70g
萝卜	5cm长的1段
盐	适量
姜丝	适量

煮沸之后撇去浮沫，要将浮沫撇干净鱼汤才会澄净。

● 制作青花鱼鱼汤

1 去掉青花鱼的鱼鳃，将中骨切成大块。然后将鱼杂都放入碗中，再撒上少许盐，腌渍10分钟。

2 在步骤1中倒入大量的热水，表面变白后再用清水将残留的鱼鳞和血块洗干净。

3 滤干步骤2的水后放入锅里，加上制作鱼汤的其他材料后开火加热。煮沸后撇去浮沫，然后调节火候，在轻度沸腾的状态下煮30分钟。

4 待鱼汤蒸发至一半后，在滤网里铺上加厚的厨房用纸并过滤出鱼汤备用。

● 准备配料

5 青花鱼鱼肉4等分切开，放入碗中，撒上少许盐腌渍10分钟。

6 将80℃左右的热水倒入步骤5中焯一下，然后用水洗净鱼肉并滤干。

7 萝卜去皮后切成厚一些的长片，再用水焯一下，然后用水清洗并滤干。

● 煮

8 将步骤4过滤好的鱼汤倒入锅中，用中火加热，加入少许盐调味，再加入萝卜。

9 萝卜变热后加入鱼肉，然后用小火煮至食材熟透。

● 完成

10 将青花鱼和萝卜盛到碗里，倒入鱼汤，撒上姜丝。

※"焯"是指迅速用热水过一下，仅表面受热。用热水焯过后，可以去除多余的脂肪和腥味。

蛋花汤

碗中摇曳的蛋花，无论在视觉上还是味觉上都是一种享受。掌握制作的要点之后，用一个鸡蛋也能轻松做出绝世美味。

材料（2人份）

鸡蛋	1个
昆布高汤的第一道汤汁（参照P.6）	1½杯
盐	1小撮
淡口酱油	少许
马铃薯淀粉溶液	马铃薯淀粉1/2大匙+水1大匙
鸭儿芹（大致切碎）	适量

如果汤汁比较浓稠，鸡蛋便不会沉到锅底，而是会均匀地散开。所以在倒入蛋液前，要一边搅拌，一边将马铃薯淀粉溶液慢慢地倒入汤汁中，然后煮沸，直至汤汁变透明。

要将蛋液顺着筷子一点点倒入锅里，这样蛋液会慢慢地散开，不会堆积在同一个地方，而且受热也会比较均匀。

● 倒入蛋液

1 将鸡蛋打入碗里并搅拌均匀。

2 将第一道汤汁倒入锅里，用中火加热，然后加入盐、淡口酱油调味。

3 煮沸后一边搅拌汤汁，一边倒入马铃薯淀粉溶液，待汤汁变浓稠后再次煮沸。

4 调至小火，慢慢向汤里倒入蛋液，待蛋液散开凝固后再轻轻搅动，然后关火。

● 完成

5 将蛋花汤盛到碗里，撒上鸭儿芹。

饭

什锦饭

用营养丰富的配料搭配米饭，再盛到简单的碗里，然后放上一点小菜，就做成了这道色香味俱全的什锦饭。用其他的菜肴搭配这款口味清淡的什锦饭也不错哦。

材料（3~4人份）

米	360mL		清酒、味醂	各1大匙
日本油豆腐	1块	A	盐	1/3小匙
牛蒡	1/3根		淡口酱油	2小匙
胡萝卜	1/3根		盐	适量
魔芋	1/4块（75g）			
香菇	3朵			
荷兰豆	5~6个			
昆布高汤	适量			

用昆布高汤煮饭前，可以将洗净的米放到滤网里静置一段时间，让它先吸收水分。记得要在米上盖一张浸湿的加厚的厨房用纸，防止大米表面变干。

● **准备材料**

1 米淘洗干净后滤干水，静置30分钟~1小时。

2 油豆腐滤油后切成长2cm的细丝。

3 牛蒡、胡萝卜、魔芋成长3cm的片状。切好后，牛蒡用水洗干净，魔芋用水煮一下后再滤干。香菇去柄，先切成两半，再切成薄片。

4 荷兰豆去筋后，用盐水煮一下，再用水洗去盐分，滤干水后斜着切成宽1cm的片状。

● **蒸米饭**

5 将步骤1的米和不到2杯的昆布高汤、A倒入电饭煲的内胆中，所有食材轻轻混合后继续加入昆布高汤，直至参考的水位线处。

6 将步骤2、3平铺在大米上后，用电饭煲蒸熟米饭即可。蒸好后焖10~15分钟。

● **完成**

7 上下翻动米饭，混合均匀后盛到碗里，撒上步骤4。

※ "滤油"可以去掉多余的油，减少菜的油腻感，而且豆腐会更容易入味。油豆腐浸在热水中后，会有油浮起，倒掉热水后用加厚的厨房用纸紧压豆腐，去除多余的油。

竹笋饭

竹笋饭与青豆饭一起，并称为春意盎然的米饭。刚煮好的竹笋饭味道清新，盛到碗里再放上嫩绿的花椒叶，整碗饭都洋溢着春天的香气。

材料（3~4人份）

米 ·························	360mL
竹笋（煮过，参照P.56） ·········	300g
昆布高汤 ····················	适量
A 清酒、味醂 ···············	各1大匙
盐 ·······················	1/3小匙
淡口酱油 ·················	1/2大匙
花椒叶 ····················	适量

沿纤维将竹笋切成长片，可保持竹笋脆嫩的口感。注意切得太小，味道就融不到米饭里。

● 准备材料

1　大米淘洗干净后滤干，静置0.5~1小时。静置时可以盖上一张浸湿的加厚的厨房用纸。

2　竹笋切成小长片。

● 蒸米饭

3　将步骤1的米和不到2杯的昆布高汤、A倒入电饭煲的内胆中，所有食材轻轻混合后继续加入昆布高汤，直至参考的水位线处。

4　将竹笋片平铺在步骤3的大米上，用电饭煲蒸熟米饭即可。蒸好后焖10~15分钟。

● 完成

5　上下翻动米饭，混合均匀后盛到碗里，放上花椒叶。

关东风味的豆皮寿司

　　松软的豆腐，甜辣的汤汁，这道豆皮寿司的味道棒极了！做出好吃的豆皮寿司的关键在于炸豆腐，将它煮软后，才能吸满浓浓的汤汁。

材料（16个的用量）

米…………………………………………360mL	
昆布………………………………………… 5g	
寿司醋	
米醋 ……………………………… 4⅔大匙	
砂糖 ………………………………… 2大匙	
盐 ………………………………… 2小匙	
豆皮………………………………………… 8块	
汤汁	
昆布高汤 ………………………… 3½杯	
清酒 ………………………………… 5大匙	
砂糖 ………………………… 2大杯（280g）	
酱油 …………………… 不到3/4杯（140mL）	
醋……………………………………………适量	

先用擀面杖将豆皮压扁，切开后才容易呈袋状打开。

煮的时候盖上小木盖，可以让豆皮煮得更软。多煮一会儿，能去掉多余的油分，也能使豆腐更入味。

将米饭堆放在寿司桶中后，寿司醋要先倒在饭勺上，再撒在米饭里，切勿压按米饭。

将饭勺放平，用勺棱将米饭切散，使寿司醋均匀地与每粒米饭混合。

将寿司米饭塞入打开的豆皮底部，左右两侧都要填得饱满。然后调整形状，最后在开口处折起来。

● 煮豆皮

1　用擀面杖压扁豆皮再放入锅中，倒入大量的热水，盖上小木盖煮10分钟后再滤干油豆腐的水，然后趁热用加厚的厨房用纸擦掉剩余的水和油。

2　将每块豆皮都切成两半，从开口处打开，使其呈袋状。

3　将步骤2与昆布高汤放入锅里，盖上小木盖，用中火加热。沸腾后加入清酒，调至小火煮10分钟。然后加入砂糖，再煮15分钟。接着加入酱油，继续煮45分钟。待汤汁减少至一半后，在锅中食材的表面敷上保鲜膜并放置冷却。

● 制作寿司米饭

4　将制作寿司醋的材料倒入小锅里，用小火加热至可以溶化砂糖和盐的温度，然后冷却。

5　米淘洗干净后，放上昆布，再倒入适量的水，浸泡0.5~1小时后再蒸熟米饭。

6　蒸好米饭后取出昆布。先用醋水浸湿寿司桶，倒入米饭，再撒上步骤4的寿司醋，然后用饭勺切散米饭，同时将米饭与寿司醋混合。拌匀后用一块浸过醋水并且拧干的毛巾盖好，冷却至常温。

● 塞米饭

7　将步骤6分成16份，每份都稍微合拢成团。

8　将步骤7塞入步骤3的豆皮中，然后在开口处折叠，封住米饭。

关西风味的豆皮寿司

关西风味的豆皮寿司是三角形的，米饭中加了多种配料，口味清淡是其特点之一。在寿司醋和油豆腐的汤汁中加入白砂糖，味道会更正宗。

先用擀面杖将豆皮压扁，切开后才容易呈袋状打开。

材料（20个的用量）

米	360mL
昆布	5g

寿司醋

米醋	4大匙
白砂糖	1⅔大匙
盐	2小匙

豆皮（正方形）	10块

A	昆布高汤	3½杯
	清酒	5大匙
	白砂糖	70g
	味醂、酱油	各5大匙

干香菇	2朵

B	泡香菇的水	1/2杯
	清酒	2大匙
	白砂糖	1/2小匙
	味醂	1¼大匙
	酱油	1/2大匙

透心红胡萝卜（随意切碎，参照P.38）	30g
牛蒡（随意切碎）	20g

C	昆布高汤	70mL
	清酒	1/2大匙
	味醂	1小匙
	盐	1小撮
	淡口酱油	1/2小匙

麻籽（或白芝麻）	2大匙
醋	适量
甜醋泡姜	适量

煮的时候盖上小木盖，可以让豆皮煮得更软。多煮一会儿，能去掉多余的油分，也能使豆腐更入味。

关西风味的豆腐寿司还有另外一个特点是加入了麻籽。"麻籽"直径在3mm左右，是大麻的果实，它香脆的口感非常特别。

将寿司米饭塞入豆皮的底面边角处，再把表面（切口侧）拉平，然后将豆皮的开口折到里面，包成三角形。

● 煮豆皮

1. 用擀面杖压扁豆皮再放入锅中，往锅中倒入大量的热水，盖上小木盖煮10分钟后滤干豆皮的水，然后趁热用加厚的厨房用纸擦掉剩余的水和油。

2. 将每块豆皮都斜着切成两半，从开口处打开，使其呈袋状。

3. 将步骤2与昆布高汤放入锅里，盖上小木盖，用中火加热。沸腾后加入A的酒，调至小火煮10分钟。然后加入A的白砂糖和味醂，再煮15分钟。接着加入A的酱油，继续煮45分钟。待汤汁减少至一半后，在食材表面敷上保鲜膜并放置冷却。

● 制作配料

4. 干香菇浸到水中，泡开后切碎，然后用B制作甘煮香菇（详细的煮法参照P.26的甘煮香菇）。

5. 胡萝卜、牛蒡先煮一下，然后加入C，再用小火煮5分钟，最后放置冷却。

● 制作寿司米饭

6. 将制作寿司醋的材料倒入小锅里，用小火加热至可以溶化白砂糖和盐的温度，然后冷却。

7. 米淘洗干净之后，放上昆布，再倒入适量的水，浸泡0.5~1小时后再煮熟米饭。

8. 煮好米饭后取出昆布。先用醋水浸湿寿司桶，倒入米饭，再撒上步骤6的寿司醋，然后用饭勺切散米饭，同时将米饭与寿司醋混合。拌匀后用一块浸过醋水并且拧干的毛巾盖好，冷却至常温。

● 塞米饭

9. 将滤干水的步骤4、5、麻籽、步骤3的少许汤汁加入步骤8中混合均匀。然后将米饭分成20份，每份都稍微合拢成团。

10. 将步骤9塞到步骤3的豆皮里，包成三角形。

11. 将寿司盛到盘子里，放上甘醋泡姜。

红豆饭

红豆饭是庆祝喜事时必备的主食之一，据说红色具有驱魔的力量。精心蒸制的颜色鲜亮的红豆饭，可以让喜悦的气氛更浓重。

材料（3~4人份）

糯米	360mL
红豆	1/2杯（80g）
水	2杯
清酒	1/4杯
盐	1小匙

大米浸泡30分钟~1小时便可吸收充足的水分，但糯米需要在水中浸泡3小时以上才能充分吸收水分。糯米浸泡半天也可以。

糯米用煮红豆的汤汁浸泡半小时，便可变成与红豆相似的颜色。

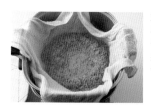

放到蒸锅的时候，要将糯米铺开，这样便于透气。注意糯米中央要留出空隙，使蒸气可以从中间穿过。

红豆加热过度容易烂开，所以要中途再放入红豆。

● 浸泡糯米

1　将糯米洗干净后在2L的水里浸泡3小时以上。

● 煮红豆

2　将红豆倒入锅里，加入5杯水，用中火加热。沸腾后调节火候，在轻度沸腾的状态下煮10分钟。

3　汤汁变成茶色后，将汤汁倒掉。再用水清洗红豆并滤干水。

4　将洗净的红豆倒回锅里，再重新加入5杯水，慢慢煮40~50分钟，使豆粒变软。中间汤汁会蒸发掉一部分，可以再加入热水补足。

● 糯米着色

5　将滤网放到碗里，再倒入步骤4，过滤出红豆汤汁。用汤勺舀起1勺汤汁，再倒入锅里，如此重复，直至汤汁变凉。

6　将步骤1的糯米滤干水后加入冷却好的红豆汤中并浸泡30分钟。糯米着色后再次滤干水。

● 蒸

7　将材料中的水与清酒、盐混合。

8　在蒸锅里铺上一块网眼较粗的毛巾，加入水后开火加热。待冒出大量的蒸气后倒入糯米，将糯米铺开，接着用大火蒸。

9　以后每隔10分钟就撒上1/5的步骤7，并上下翻动糯米。蒸20分钟后加入红豆。

10　用同样的方法再蒸30分钟，夹一点尝尝软硬度，若软硬度适合便可以关火。

● 完成

11　将糯米和红豆拌匀，然后盛到碗里。

※煮红豆的汤汁与空气接触后会变色。用汤勺将汤汁舀起，然后再从稍高的位置慢慢倒回锅里，重复几次后汤汁的颜色会更鲜亮。

栗子糯米饭

这道糯米饭的栗子松软，米饭筋道，香甜可口，非常受欢迎。秋天是栗子的季节，一定要试试这道经久不衰的栗子糯米饭。

材料（3~4人份）

栗子	12个
糯米	360mL
昆布	5g
水	2L
清酒	1/4杯
盐	1小匙

切掉栗子的底部，露出栗仁，然后直接撕掉外壳。其余的外壳，可以从切口处用刀剥开。

直接削去栗子扁平部分的内皮，其余的内皮可以沿底部至顶端削去，留下干干净净的栗仁。

● **准备材料**

1 糯米洗净后加入等体积的水，放入昆布后浸泡半天。

2 栗子用温水浸泡至外壳软化。去掉栗子的外壳、内皮后，将栗仁泡在水里。

● **蒸**

3 将滤网放在碗里，倒入步骤**1**，将糯米与昆布汁分开，再取出昆布。

4 将清酒和盐与步骤**3**的昆布汁混合，并使盐溶解。

5 在蒸锅里铺上一块网眼较粗的毛巾，加入水后开火加热。待冒出大量的蒸气后再倒入糯米，将糯米铺开，然后放入栗子，用大火蒸。

6 以后每隔10分钟就撒上1/5的步骤**4**，并上下翻动糯米，这样蒸50分钟。夹一点尝尝软硬度，若软硬度适合便可以关火。

● **完成**

7 将糯米和栗子拌匀，然后盛到碗里。

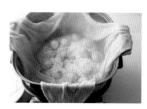

糯米倒入蒸锅里时，要稍微铺开一些，这样便于透气，然后放上栗子。注意糯米中间要留出空隙，使蒸气可以从中间穿过。

全新经典菜式

美味停不下来

土豆可乐饼

这道料理将土豆的美味与可乐饼的酥软完美地融合在一起。制作的秘诀在于：整个土豆要完整地放入锅里煮，而且制作可乐饼的馅料一定要先冷藏再油炸。记得要趁热吃！

将整个土豆放入水中煮，不仅土豆不会吸收过多的水，还能锁住土豆本身的味道。煮软之后，用毛巾包住土豆，趁热撕掉皮。

材料（2人份）

土豆		2大个（350g）
洋葱		1/4个
牛肉末		70g
橄榄油		1/2小匙
A	盐	1/4小匙
	胡椒、豆蔻粉	各适量
盐、胡椒		各少许
小麦粉、蛋液、面包粉		各适量
油		适量
配料		
荷兰芹		1/2把
卷心菜（切丝）		适量
自己喜欢的酱汁（猪排蘸料、辣酱油等）		适量

可乐饼的馅料成形后，用保鲜膜包好放到冰箱里。经过冷藏后的可乐饼，放到锅里炸才不会裂开。

在外皮还未变硬前如果去碰可乐饼，就会产生小孔，导致馅料流出。所以，在外皮变成金黄色之前都不要碰。

● 制作可乐饼的馅料

1 将土豆放入锅中，使锅里的水没过土豆，用中火煮20~30分钟。

2 土豆变软之后（用竹扦扎一下试试）便可取出来。趁热撕去皮，用压泥器压成土豆泥。

3 洋葱切碎。

4 将橄榄油倒入平底锅中，加热后放入洋葱翻炒。洋葱变软之后再加入牛肉末，翻炒均匀后，倒入A调味，然后将洋葱和牛肉末盛到盘子里散热。

5 将步骤4加入步骤2中混合均匀，再撒上盐、胡椒调味。

6 将步骤5分成4份，揉圆后用手轻拍，排出空气，再压成椭圆形。将压好的可乐饼用保鲜膜包好，放到冰箱里冷藏。

● 炸

7 先将小麦粉撒到步骤6上，再裹一层蛋液，最后沾上面包粉。

8 油加热至170℃，先炸一下荷兰芹。

9 等温度上升至180℃后，放入步骤7。待可乐饼的两面都炸成金黄色后取出并滤干油。

● 完成

10 将卷心菜放到盘子里，再放上炸好的可乐饼，然后撒上荷兰芹。浇上自己喜欢的酱汁即可食用。

炸竹笑鱼

竹笑鱼是搭配白米饭的最佳菜肴。竹笑鱼开边时可以切开腹部一侧，但切开背部会让鱼块看起来更大，因为背部的肉比较厚，这样看起来更诱人。将竹笑鱼炸松脆后即可食用。

材料（2人份）

竹笑鱼（开边、去鱼骨）⋯⋯⋯⋯⋯⋯⋯⋯⋯⋯⋯	4小块
盐、胡椒⋯⋯⋯⋯⋯⋯⋯⋯⋯⋯⋯⋯⋯⋯⋯⋯⋯	各适量
小麦粉、蛋液、面包糠⋯⋯⋯⋯⋯⋯⋯⋯⋯⋯⋯	各适量
油⋯⋯⋯⋯⋯⋯⋯⋯⋯⋯⋯⋯⋯⋯⋯⋯⋯⋯⋯⋯	适量

配菜
生菜（切丝）⋯⋯⋯⋯⋯⋯⋯⋯⋯⋯⋯⋯⋯⋯⋯	3片份
迷你西红柿 ⋯⋯⋯⋯⋯⋯⋯⋯⋯⋯⋯⋯⋯⋯⋯	4个
柠檬（切梳子形） ⋯⋯⋯⋯⋯⋯⋯⋯⋯⋯⋯	适量
荷兰芹 ⋯⋯⋯⋯⋯⋯⋯⋯⋯⋯⋯⋯⋯⋯⋯⋯⋯	适量
自己喜欢的酱汁（辣酱油、酱油等）⋯⋯⋯⋯⋯	适量

在鱼上均匀地撒上小麦粉后再将多余的粉末抖落。要保证鱼块的每个部位都沾上了一层薄薄的小麦粉。

捏住尾巴，让鱼块的两面都裹上一层薄而均匀的蛋液。

在鱼块上均匀地裹上一层面包糠，再用手掌轻压，使面包粉贴紧，然后再抖落多余的粉末。

捏住尾巴，先将头部放入油里。待鱼块沉下去后再慢慢放开手。

● 腌制竹笑鱼

1 竹笑鱼的两面撒上少许盐、胡椒。

● 炸

2 将小麦粉撒在步骤1上，再裹上蛋液和面包粉。

3 油加热至170℃后放入竹笑鱼，两面炸脆呈金黄色后便可取出，并滤干油分。

4 将搭配的蔬菜和柠檬放到盘子里，再把步骤3摆放到中间。浇上自己喜欢的酱汁即可食用。

面包糠与面包粉

若使用面包糠，炸出的表皮会更酥。而若使用面包粉，炸出的表皮会更脆。炸猪排（P.132）的口感趋向于更脆，但竹笑鱼炸的时间较短，表皮酥一些会更好吃，所以这里建议使用面包糠。

炸猪排

里脊肉切得过薄或过厚都不好，厚度以1.5cm左右为宜。用中温的油慢慢炸至金黄色，会使肉质更嫩，外皮更脆。享受这样的美食，家人的脸上肯定会挂着满意又幸福的笑容。

切开筋膜可以防止猪肉卷缩。在脂肪和瘦肉的交界处划出4~5道切口。

材料（2人份）

里脊肉（切厚片）································· 2片
盐、胡椒 ····································· 各适量
小麦粉、蛋液、面包糠···················· 各适量
油 ··· 适量
配菜
  卷心菜（切丝）························· 2片
  西红柿（切梳子状）···················· 1/2个
  黄瓜（斜着切成薄片）·················· 6片
猪排蘸料 ··································· 适量

可以通过声音判断熟的程度。刚开始是"嗞啦嗞啦"的声音，等到变成"嗞嗞嗞"的声音后就说明水分已经炸干，猪肉已熟透。

● **准备猪肉**

1 在猪肉脂肪与瘦肉的交界处用刀尖划出切口，然后两面都撒上盐、胡椒。

● **炸**

2 将小麦粉撒到步骤1上，裹上蛋液和面包糠。
3 油加热至170℃后放入步骤2，两面炸脆呈金黄色后便可取出并滤干油。

● **完成**

4 步骤3切成适口的大小。
5 将搭配的蔬菜放到盘子里，再把切好的炸猪排摆放到中间。浇上蘸料即可食用。

里脊肉无需拍松

拍打肉块可以让肉质更酥松，但必须达到破坏纤维的程度，否则没有任何意义。进口肉等肉质较硬的肉类，经常用拍松的方法处理。但里脊肉无需拍松味道也不错，拍松之后反而失去了肉的质感。

汉堡肉

用牛肉与猪肉混合而成的肉馅，口感鲜嫩多汁。做出这款美味的汉堡肉，就可以自信地说："我家的汉堡肉最好吃！"

先在肉末中撒少量盐，再不断揉捏，直至肉末产生黏液，甚至可拉出细丝。这样制作出的汉堡肉才会鲜嫩多汁。

煎肉馅的最后要盖上盖子焖一会儿，这样可以避免水分流失，使肉质更细腻，还可避免表面变焦，也不会半生不熟。

材料（2人份）

牛肉、猪肉的混合肉末	200g
洋葱	1/2个
大蒜	1小瓣
面包粉	1/4杯（10g）
牛奶	1½大匙
鸡蛋（小）	1个
盐	1小撮
胡椒	适量
白葡萄酒	2大匙
橄榄油	适量

酱汁

番茄酱	1大匙
红酒	1/4杯
黄芥末酱	1/2大匙
辣酱油	1小匙
酱油	1/2小匙
热水	适量

配菜

烤土豆	2小个
西蓝花（小朵、用盐水煮过）	6朵
黄油胡萝卜	6个

● 制作汉堡肉馅

1 洋葱、大蒜切碎。

2 将1小匙橄榄油和大蒜倒入平底锅中，用小火加热。香味散发出来后加入洋葱，将其炒软后关火冷却。

3 用牛奶将面包粉泡涨。

4 在肉末中加少量盐并揉匀。然后依次放入步骤2、蛋液、步骤3、胡椒，再混合均匀。

5 将步骤4分成两份，每份都揉成椭圆形，再用手拍出空气，再使中央稍微凹一点。

● 煎

6 在锅里倒入少许橄榄油，加热后将步骤5放入其中。盖上盖子，用较弱的中火煎4~5分钟。

7 表面煎成焦黄色后翻面，加入白葡萄酒。盖上盖子焖到肉馅熟透为止。把竹扦插入中央试一下是否熟透，如果汤汁呈透明状，便可以取出肉馅保温（可以用铝箔纸包住）。

● 制作酱汁

8 倒出步骤7平底锅里留下的残屑并擦干油。倒入番茄酱用中火炒热，再加入红酒煮干。

9 在步骤8中加入黄芥末酱、辣酱油、酱油，调节汤汁的浓度。

● 完成

10 将搭配的蔬菜放到盘子里，再把步骤7摆放到中间，然后浇上步骤9的酱汁。

※烤土豆的制作方法是：用铝箔纸包住土豆，放入120℃的烤箱中烘烤30~40分钟，然后在土豆表面划出十字形的切口去皮。

※黄油胡萝卜的制作方法是：将胡萝卜纵向切成6等份，再切成4cm的长段，加入少许黄油、盐、2大匙水，蒸煮后收汁即可。

卷心菜卷

这是一道用澄净的白汤调制的美味。煮得恰到好处才可品尝到卷心菜的甘甜与润滑口感，切勿煮过度。

将卷心菜较粗的茎削薄，方便包住肉馅。

材料（2人份）

卷心菜	4大片
肉馅	
牛肉、猪肉的混合肉末	150g
洋葱	1/4个
大蒜	1瓣
蘑菇	6朵
白汤（无盐）	2杯
A　月桂	1/2片
荷兰芹叶	1根
百里香	2枝
盐、胡椒	各适量
橄榄油	1小匙
百里香（装饰用）	适量

包的时候将肉馅放在菜叶的内侧，卷一圈后折叠菜叶的一侧，再继续往下卷。

最后将另一侧塞到里面即可固定，而且不容易散开。

将包好的菜卷整齐地摆放在浅口锅或平底锅里，中间不要留有间隙，以免菜叶煮烂。

● **准备卷心菜**

1 卷心菜用热水煮软后滤干冷却。

2 将步骤1较粗的茎削薄。削下来的部分可以切成细末。

● **制作肉馅**

3 洋葱、大蒜、蘑菇切碎。

4 将橄榄油与大蒜倒入平底锅中加热，散发出香味后再加入洋葱翻炒。洋葱变软后再加入蘑菇继续翻炒。撒上盐、胡椒后盛到烤盘里，并将食材铺开冷却。

5 在肉末里加入少许盐并揉匀，肉末产生黏液后加入步骤4和步骤2中切碎的卷心菜茎，搅拌均匀后再加入少许胡椒。然后分成4份，每份都轻轻揉圆。

● **煮**

6 展开卷心菜，将每份步骤5都放到一片菜叶上包好。

7 将步骤6整齐地放到浅口锅或平底锅中，加入白汤和A。

8 盖上盖子，用中火加热。沸腾后调节火候，在轻度沸腾的状态下煮10分钟，然后翻面，再煮5分钟，最后加入盐、胡椒调味。

● **完成**

9 将步骤8盛到碗里，再浇上汤汁，最后放上百里香装饰。

奶油燉菜

由多种蔬菜组合而成的奶油燉菜是家庭餐桌上必不可少的菜式。这道料理美味与否的关键在于白酱。耐心仔细地制作白酱，肯定会让人赞不绝口！

材料（2人份）

鸡腿肉 ……………………………………… 大1/2块（150g）
洋葱 ……………………………………………………… 1/2个
胡萝卜 ………………………………………………… 不到1/2根
小芜菁 …………………………………………………………… 1个
西蓝花（小朵） …………………………………………… 4朵
白酱
　黄油 ………………………………………………………… 15g
　小麦粉 …………………………………… 15g（1⅔大匙）
　牛奶 ……………………………………………………… 3/4杯
白葡萄酒 …………………………………………………… 1/4杯
白汤（无盐） ………………………………………………… 2杯
A　月桂 ……………………………………………………… 1/2片
　荷兰芹的茎 ………………………………………………… 1根
盐、胡椒 ……………………………………………… 各适量
小麦粉 ………………………………………………………… 适量
橄榄油 ………………………………………………………… 1小匙
荷兰芹（切碎） …………………………………………… 适量

要使白酱的质感细腻顺滑，就要先加热黄油，再撒入小麦粉。

翻炒至看不到小麦粒后，白酱才会变得均匀，因此需要炒至这种状态。

加牛奶时稍微慢一点，而且要边加边搅拌，这样可以避免结块。

加完牛奶后用打蛋器搅拌，可以使白酱更顺滑。

● **准备材料**

1　鸡肉切成适口的大小，加入少许盐、胡椒，然后撒上小麦粉。

2　洋葱4等分切成梳子状，胡萝卜随意切成适口的大小。切掉小芜菁的叶子并去皮，可以稍微去厚一些，然后6等分切成梳子形。

3　西蓝花、芜菁的叶子用盐水煮过后滤干。

● **制作白酱**

4　将黄油放入小锅中，用中火加热。表面起小泡后撒入小麦粉并迅速翻炒。

5　将步骤4混合均匀后再慢慢加入牛奶，同时不停地搅拌，全都加入后再用打蛋器混合均匀。调节火候，在轻度沸腾的状态下煮3~5分钟。

● **煮**

6　将橄榄油倒入锅中加热后放入鸡肉，嫩煎之后取出。

7　将白葡萄酒倒入步骤6的锅里，用中火煮开，待酒精挥发后倒入白汤。

8　煮沸之后加入洋葱、胡萝卜、A，盖上盖子并调节火候，在轻度沸腾的状态下煮10分钟，煮至蔬菜熟透。

9　鸡肉再倒入步骤8中，加入小芜菁。待汤汁稍微变稀一点后加入白酱，再添加少许盐、胡椒预先调味。

10　再次煮开后调节火候，在轻度沸腾的状态下煮5分钟，待小芜菁熟透后加入步骤3，调小火力，在保温的状态下加入少许盐、胡椒调味。

● **完成**

11　将步骤10盛到碗里，撒上荷兰芹。

那不勒斯意面

　　用番茄酱炒的"那不勒斯意面"诞生于日本，是日式的意大利面。这道面孩子、大人都喜爱，是用现有的食材便可快速做好的美味！

材料（2人份）

意大利面（直径1.8mm）	200g
洋葱	1/2小个
青椒	1个
火腿	2片
蘑菇	4个
白葡萄酒	1大匙
番茄酱	4大匙
盐	适量
橄榄油	2小匙

相较于通心粉，粗一点的意大利面更软，更适合制作那不勒斯意面。

番茄酱分两次加入。第一次加入1/3（1⅓大匙），然后放入配料翻炒均匀。

● **准备材料**

1　将洋葱切成边长5cm的块状，青椒、火腿切成同样的大小。蘑菇切成宽5mm的薄片。

● **翻炒**

2　将橄榄油倒入平底锅中加热，然后倒入步骤1翻炒。所有食材与油混合均匀后加入白葡萄酒，酒精挥发后再放入1/3的番茄酱预先调味。

● **煮意大利面**

3　在锅里倒入人量的热水，煮沸后加入1%的盐（2L热水+比1大匙多一点的盐），再放入意大利面煮软。

● **完成**

4　滤干意大利面的汤汁，加入步骤2中，再与剩余的番茄酱混合翻炒。水分不足时可以加入少许煮面的汤汁。

肉酱意大利面

这款自制的肉酱意大利面，有一股熟悉的味道。制作的关键是肉末要充分炒干。加入的番茄泥和番茄酱，让这款意面的味道回味无穷。

将牛肉末炒至稍微发焦，直至水分完全消失。

煮好意大利面后，趁热加入黄油搅拌，这样可以防止意大利面粘在一起。

材料（2人份）

意大利面（直径1.8mm）	200g
肉酱	
牛肉末	200g
洋葱	1/2个
胡萝卜	3cm长的1段
芹菜	5cm（15g）
大蒜	1瓣
月桂	1/2片
荷兰芹的茎	1根
红酒	1/4杯
番茄泥、番茄酱	各3大匙
盐	稍多于1/2小匙
胡椒、豆蔻粉	各适量
黄油	10g
盐	适量
帕马森奶酪（擦碎）	10g
荷兰芹（碎末）	适量

● 准备材料

1 洋葱、胡萝卜、芹菜、大蒜切碎。

● 制作肉酱

2 平底锅加热后倒入牛肉末，用较强的中火充分翻炒。

3 肉末炒干后加入步骤1、月桂、荷兰芹的茎并翻炒均匀。蔬菜变软后加入红酒，再煮至汤汁基本收干。

4 将番茄泥和番茄酱混合后加入步骤3中，然后加入盐、胡椒、豆蔻粉，用小火加热再收汁。

● 煮意大利面

5 在锅里倒入大量的热水，煮沸后加入1%的盐（2L热水+1大匙多一点的盐），放入意大利面，按照包装袋上的说明煮软。

● 完成

6 滤干意大利面的汤汁，与黄油混合后盛到盘子里。

7 加热步骤4，用煮意大利面的汤汁调节好番茄酱汁的浓度，再浇到步骤6上。最后撒上奶酪和荷兰芹碎末即可。

本书由日本成美堂出版株式会社授权北京书中缘图书有限公司出品并由河北科学技术出版社在中国范围内独家出版本书中文简体字版本。

著作权合同登记号：冀图登字 03-2017-036

图书在版编目（CIP）数据

日式传统料理 /（日）久保香菜子著；何凝一译
. -- 石家庄 : 河北科学技术出版社 , 2018.1
ISBN 978-7-5375-9208-6

Ⅰ．①日… Ⅱ．①久…②何… Ⅲ．①菜谱—日本
Ⅳ．① TS972.183.13

中国版本图书馆 CIP 数据核字 (2017) 第 253438 号

日式传统料理

［日］久保香菜子　著　何凝一　译

策划制作：北京书锦缘咨询有限公司（www.booklink.com.cn）
总 策 划：陈　庆
策　　划：李　伟
责任编辑：刘建鑫
设计制作：柯秀翠

出版发行　河北科学技术出版社
地　　址　石家庄市友谊北大街 330 号（邮编 : 050061）
印　　刷　北京利丰雅高长城印刷有限公司
经　　销　全国新华书店
成品尺寸　185mm×260mm
印　　张　9
字　　数　93 千字
版　　次　2018 年 1 月第 1 版
　　　　　2018 年 1 月第 1 次印刷
定　　价　58.00 元